全国高等职业教育计算机类规划教材·实例与实训教程系列

计算机网络原理与应用

张国清　主　编

岳经伟　肖　婧　杜永清　副主编

U0226036

电子工业出版社

Publishing House of Electronics Industry

北京·BEIJING

内 容 简 介

本书共分为 15 章，即认识计算机网络、数据传输过程、数据传输案例、构建共享局域网、构建交换局域网、网络互联、划分子网与构造超网、寻址最优路径、进程间逻辑通信、DHCP 应用、DNS 应用、Web 应用、FTP 应用、E-mail 应用及网络安全。各章均是按照提出问题、工作任务、预备知识及应用实践的流程展开教学。前后各章之间有一定的承接关系，内容选取上从简至繁，循序渐进地将计算机网络原理相关知识融于解决各类计算机网络问题的工作任务中，使得知识与工作任务、技能与解决问题、素质与工程项目完美统一。

本书的特点是内容选择合理、描述简练清楚、图文并茂、繁简适度、重点突出、理论联系实际。本书可供高职院校计算机网络技术及计算机通信专业使用，也可作为中等职业院校及社会培训机构的学习参考。本书提供配套的电子课件及习题答案等资源，请登录华信教育资源网（www.hxedu.com.cn）免费下载。

图书在版编目（CIP）数据

计算机网络原理与应用 / 张国清主编. —北京：电子工业出版社，2014.1
全国高等职业教育计算机类规划教材·实例与实训教程系列
ISBN 978-7-121-21962-7

Ⅰ．①计⋯　Ⅱ．①张⋯　Ⅲ．①计算机网络－高等职业教育－教材　Ⅳ．①TP393

中国版本图书馆 CIP 数据核字（2013）第 279363 号

策划编辑：左　雅
责任编辑：左　雅　　文字编辑：薛华强
印　　刷：三河市华成印务有限公司
装　　订：三河市华成印务有限公司
出版发行：电子工业出版社
　　　　　北京市海淀区万寿路 173 信箱　邮编　100036
开　　本：787×1 092　1/16　印张：15　字数：384 千字
版　　次：2014 年 1 月第 1 版
印　　次：2015 年 9 月第 2 次印刷
印　　数：2 000 册　定价：32.00 元

凡所购买电子工业出版社图书有缺损问题，请向购买书店调换。若书店售缺，请与本社发行部联系，联系及邮购电话：（010）88254888。

质量投诉请发邮件至 zlts@phei.com.cn，盗版侵权举报请发邮件至 dbqq@phei.com.cn。

服务热线：（010）88258888。

前　　言

目前计算机网络已经在我们的生产、生活及学习中得到广泛应用，提高了工作效率，改变了我们的生活方式。计算机网络知识不仅是计算机网络技术及计算机通信等专业学生的必修内容，同时其他所有专业的学生也必须对网络知识有所了解。

计算机网络方面的教材很多，多数都是针对本科、研究生等层面的教材，理论知识讲得比较多、比较深；即使是高职教材也是纯理论方面的教材。本书作者针对高职学生的特点，总结多年高职计算机网络教学经验，在试用多年的校内讲义基础上提炼出计算机网络理论与实践应用一体化的职业类教材。

本书的编写思路是计算机网络基本概念、基本构成、基本工作原理"讲透彻"，常见的应用"讲到位"，复杂、难懂的理论知识用图示方式"讲清楚"。全书通过提出问题引出学习相关理论知识的必要性；通过具体解决问题的工作任务，凸显学习知识和掌握技能的针对性；通过应用实践环节强化对知识的深入理解和具体应用。各章均是按照提出问题、工作任务、预备知识及应用实践的流程展开教学。前后各章之间有一定的承接关系，内容选取上从简至繁，循序渐进地将计算机网络原理相关知识融于解决各类问题的工作任务中，使得知识与工作任务、技能与解决问题、素质与工程项目完美统一。

本书共分为 15 章，即认识计算机网络、数据传输过程、数据传输案例、构建共享局域网、构建交换局域网、网络互联、划分子网与构造超网、寻址最优路径、进程间逻辑通信、DHCP 应用、DNS 应用、Web 应用、FTP 应用、E-mail 应用及网络安全。重点是网络互联、划分子网与构造超网、寻址最佳路径及进程间逻辑通信等章内容，难点是进程间逻辑通信及网络安全等章内容。考虑到应用层的内容比较多并且在后续课程中广泛应用，将DHCP 应用、DNS 应用、Web 应用、FTP 应用、E-mail 应用等各以一个章节形式呈现。

本书的目标是内容选取依据专业需求，满足"必须、够用"原则，兼顾专业需求与教学效果，繁简适度，重点突出；理论知识描述简练清楚，图文并茂，理论联系实际，将复杂、难懂的枯燥理论知识融于生动的应用实例中。学生在完成本书的学习后能够清楚地描述计算机网络基本概念、计算机网络构成、计算机网络基本工作原理等；能够掌握计算机网络应用的基本技能，为后续专业课程学习奠定坚实基础。

本书可供高职院校计算机网络技术、计算机通信等专业使用，也可作为中等职业院校及社会培训机构的学习参考。本书提供配套的电子课件及习题答案，请登录华信教育资源网（www.hxedu.com.cn）免费下载。

本书由张国清教授任主编，岳经伟教授、肖婧博士、杜永清副教授任副主编。作者均为教学一线的资深教师，从事多年计算机网络教学工作。张国清教授负责全书大纲的编写、修改及统稿工作，第 1、2 章由岳经伟教授编写，第 3、4 章由肖婧博士编写，第5、6 章由杜永清副教授编写，第 7、8、9、10、11、12、13、14、15 章由张国清教授编写。由于作者水平有限，书中难免有不妥和错误之处，恳请广大读者批评指正，联系信箱为 zgq8163@163.com。

编　者

目 录
CONTENTS

VI

IX

第 1 章

认识计算机网络

通过描述计算机网络的应用情景，引导学员对本章的学习兴趣。

（1）上网方式

个人电脑、手机、上网本等通过无线方式上网，也可通过光纤、双绞线等有线方式上网。

（2）网络应用

浏览 Web 网页、下载或上传文件、发送或接收电子邮件、网上实时交谈 QQ、网络游戏等，电子商务、网上银行、网上购物等。

（3）本章解决问题

什么是计算机网络？计算机网络是如何产生的？网络通信及网络上的服务及应用是如何实现的？网络今后如何发展？等等。

1.1　提出问题

当今社会无论是日常生活还是工作都离不开计算机网络，它为我们的生活和工作带来了极大方便，提高了工作效率，改变了人们的生活和工作方式，可以说我们已经进入一个信息化的网络时代。

那么，什么是计算机网络呢？计算机网络是如何构成的？它是如何工作的？这方面的知识是每一个从事计算机网络方面工作的从业者必须具备的基础知识。

1.2　工作任务

本章节中，通过学习将完成如下工作任务：

（1）认识什么是计算机网络；

（2）认识常用网络设备，包括集线器、交换机、路由器等；

（3）掌握制作双绞线的基本技能。

1.3 预备知识

1.3.1 计算机网络概述

1. 网络的定义

在描述计算机网络之前，我们有必要先来了解一下什么是网络？在我们的生活和工作中存在很多网络的例子，如：每天都在使用的电话网、电力网、电视网、邮政网、交通网等。那么，究竟什么是网络呢？网络就是为了某一目的将相关的一些元素集成在一起的一个系统。电话网通过程控交换机、电话线（或无线电波）将电话机（或手机）连接起来，实现话音、图片、文字等信息的传递。

2. 计算机网络的定义

计算机网络是我们生活和工作中诸多网络之一。计算机网络是将分布在不同地理位置的具有独立功能的计算机、服务器、打印机等设备通过网络通信设备和传输介质连接在一起，按照共同遵循的网络规则（如 TCP/IP），实现信息交换、数据通信和资源共享的系统，如图 1.1 所示。

计算机网络的三大要素是设备、传输介质和协议。

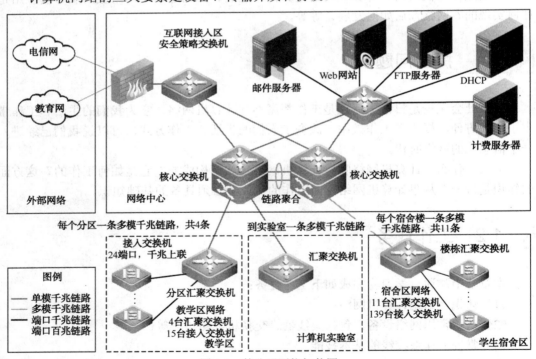

图 1.1 某公司网络拓扑图

1.3.2 计算机网络的分类

对于计算机网络，可以从不同的角度分成不同类型，如按照覆盖地理范围分为局域网、城域网、广域网；按照通信介质分为有线网络和无线网络；按照传输速度分为低速网络和高速网络；按照传输技术分为广播式网络和点对点式网络；按照使用网络的对象分为公众网络和专用网络等。

在这里我们重点描述按照覆盖地理范围分为局域网、城域网、广域网的相关情况，其他分类情况读者可查询相关资料。

▶ 1. 局域网 LAN（Local Area Network）

局域网覆盖范围较小，通常限于 1km 之内，传输速率为 10～100Mbit/s，甚至可以达到 1000Mbit/s。局域网主要用来构建一个单位的内部网络，如学校的校园网、企业的企业网等。

局域网通常属某单位所有，单位拥有自主管理权，以共享网络资源为主要目的。

局域网的特点是：覆盖范围较小、速度高、误码率低、成本低、供一个单位使用等。

▶ 2. 城域网 MAN（Metropolitan Area Network）

城域网覆盖范围通常为一座城市，从几千米到几十千米，通常，传输速率为 100Mbit/s。城域网是对局域网的延伸，用于局域网之间的连接。城域网主要指城市范围内的政府部门、大型企业、机关、公司、ISP、电信部门、有线电视台和市政府构建的专用网络和公用网络，可以实现大量用户的多媒体信息的传输，包括语音、动画和视频图像，以及电子邮件及超文本网页等。

城域网的特点是：覆盖范围中等、速度高、误码率低、成本较高、公共使用等。

▶ 3. 广域网 WAN（Wide Area Network）

广域网覆盖范围通常为几个城市，一个国家，甚至全球，从几十到几千千米。广域网主要指使用公用通信网所组成的计算机网络，是因特网（Internet）的核心部分，其任务是通过长距离传输主机发送的数据。

广域网的特点是：地理范围长、速度低、误码率高、成本高、公共使用等。

1.3.3　计算机网络的构成

通过交换机或者集线器将若干计算机连接起来，构成局域网；再通过路由器将若干局域网连接起来，构成互联网，最终达到互相通信、资源共享目的，计算机网络的基本构成如图 1.2 所示。

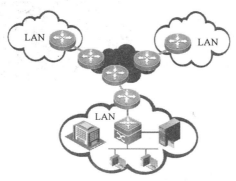

图 1.2　计算机网络的基本构成

1.3.4　网卡

网卡 NIC（Network Interface Card）：也称网络适配器，是计算机之间或计算机与网络设备间相互连接并且传递数据的设备（组件）之一。

网卡分类：有线网卡和无线网卡。

1．有线网卡

有线网卡分为 RJ45 端口（双绞线）、BNC 端口（细同轴电缆）和 AUI 端口（粗同轴电缆）网卡几类。RJ45 端口网卡如图 1.3 所示。

2．无线网卡

无线网卡分为外置（USB 接口）和内置（PCI 接口）网卡等，分别如图 1.4 和图 1.5 所示。

每块网卡都有唯一的标识，即 MAC 地址。MAC 地址固定在网卡的 EPROM 中，用户不可以随意改变，也称物理地址。

若要查看网卡的 MAC 地址，可使用 C:\>ipconfig/all 命令，如图 1.6 所示。

图 1.3　RJ45 端口网卡　　　　　图 1.4　USB 接口无线网卡

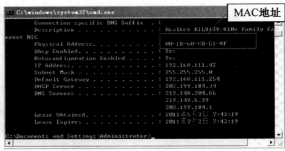

图 1.5　PCI 接口无线网卡　　　　图 1.6　显示网卡的 MAC 地址

1.3.5　传输介质

网络传输介质可分为两类：有线传输介质（如双绞线、同轴电缆、光缆）和无线传输介质（如无线电波、微波、红外线、激光）。

1．有线传输介质

（1）双绞线

双绞线 TP（Twisted Pairware）是计算机网络中最常用的传输介质，按其抗干扰能力分为屏蔽双绞线 STP（Shielded TP），如图 1.7 所示；非屏蔽双绞线（Unshielded TP），如图 1.8 所示。

图 1.7　屏蔽双绞线　　　　　　　　　　图 1.8　非屏蔽双绞线

按照 EIA/TIA（Electronics Industries Association and Telecommunications Industries Association，美国电子和通信工业委员会）标准，双绞线接线方式分为：568A 及 568B 标准，如图 1.9 所示。

568A 标准：绿白-1，绿-2，橙白-3，蓝-4，蓝白-5，橙-6，褐白-7，褐-8。

568B 标准：橙白-1，橙-2，绿白-3，蓝-4，蓝白-5，绿-6，褐白-7，褐-8。

根据双绞线的线序排列不同，可以分为直连线和交叉线。

直连线是线缆两端的线序排列相同，都是 568A 或 568B 的双绞线，用于连接不同类型设备，如计算机与交换机间连接。

交叉线是线缆两端的线序排列不同，一端为 568A 或 568B，另一端为 568B 或 568A 的双绞线，用于连接相同类型设备，如计算机与计算机间连接。

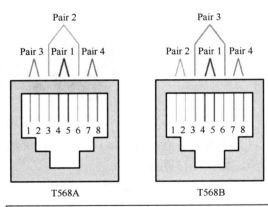

说明：T568A图中将首选的T568B图中的绿色和橙色线对调

图 1.9　双绞线接线方式

（2）同轴电缆

同轴电缆广泛用于有线电视网 CATV 和总线型以太网，常用的有 75Ω 和 50Ω 的同轴电缆。75Ω 的电缆用于 CATV。总线型以太网用的是 50Ω 的电缆，又分为细同轴电缆和粗同轴电缆，如图 1.10 所示。

（3）光纤

光纤目前广泛应用于计算机主干网，可分为单模光纤和多模光纤。单模光纤具有更大的通信容量和传输距离。常用的多模光纤是 62.5μm 芯/125μm 外壳或 5μm 芯/125μm 外壳，如图 1.11 所示。

图 1.10　同轴电缆　　　　　　　　　　图 1.11　光纤

▶ 2. 无线传输介质

无线电波是能够在空气中进行传播的电磁波，能够穿透墙体，覆盖范围较大，不需要布线，应用灵活，是一种普遍采用的组网方法。尤其随着物联网的迅速发展，无线网络应用越来越普遍，无线传输是一种发展前景非常好的传输方式。

1.3.6　常用网络设备

▶ 1. 集线器

集线器也称 Hub，是早期将计算机接入网络的常用设备之一，设备外形结构如图 1.12 所示。

图 1.12　集线器外形结构

集线器的特点是所有端口在一个冲突域内，以广播方式转发数据，直接转发数据比特流，如图 1.13 所示。

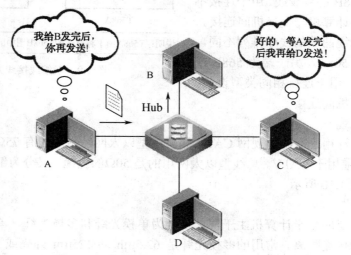

图 1.13　集线器网络拓扑图

2．交换机

交换机是目前将计算机接入网络的常用设备之一，其设备外形结构如图 1.14 所示。

交换机的特点是每个端口为一个冲突域，所有端口在一个广播域内。交换机能够识别数据帧，通过查询 MAC 地址表以单播或广播方式转发数据帧，如图 1.15 所示。

图 1.14　交换机外形结构

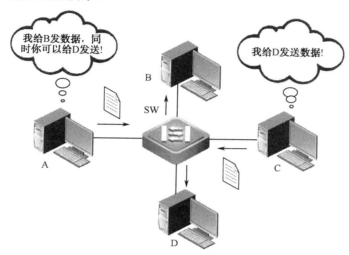

图 1.15　交换机网络拓扑图

3．路由器

路由器也是常用的网络设备之一，主要应用于一个网络与其他网络连接处，用于将网络之间互连，设备外形结构如图 1.16 所示。

路由器的特点是可以连接不同类型的网络，通过查询路由表获得去往目标网络的路由，转发数据包，如图 1.17 所示。

图 1.16　路由器外形结构　　　　图 1.17　路由器网络拓扑图

1.3.7　网络协议

在计算机网络中，两个相互通信的实体处在不同的地理位置，如果这一对实体上的两个进程想要相互通信，则需要通过交换信息来协调它们的动作达到同步，而信息的交换必须按照网络协议共同预先约定好的规则进行。

网络协议是网络上所有设备（网络服务器、计算机及交换机、路由器、防火墙等）

之间通信规则的集合，它规定了在通信时信息必须采用的格式和这些格式的意义。大多数网络都采用分层的体系结构，各层中存在着许多协议，接收方和发送方处于同一层的协议必须一致，否则一方将无法识别另一方发出的信息。网络协议使网络上各种设备能够相互交换信息。常见的协议有：TCP/IP 协议、IPX/SPX 协议、NetBEUI 协议等。Internet 上的计算机使用的是 TCP/IP 协议。

在 TCP/IP 体系结构中，使用 IP 协议通过网络发送和接收数据包，使用 ARP 协议进行 IP 地址到 MAC 地址的解析，使用 TCP 及 UDP 协议实现进程之间通信，使用 DNS 进行域名解析，使用 HTTP 协议实现 Web 流量管理，使用 FTP 协议进行文件传输管理等。TCP/IP 协议是一系列协议的集合，各协议有自己的分工，但是都会共同协助完成网络中的各项工作任务。

1.3.8　拓扑结构

网络的拓扑结构分为物理和逻辑拓扑结构。对于某些设备，有时物理拓扑和逻辑拓扑不相同。

物理拓扑结构是指网络构成的各部分的几何分布，是网络的物理连接结构，描述网络的物理连接形式与物理位置；逻辑拓扑结构是指网络中节点间的逻辑关系，它描述了网络中节点间连通情况及相互关系，主要用于分析网络中设备间的逻辑关系。

最常用的物理拓扑和逻辑拓扑有四种主要的形式：总线型、环形、星形和网状。

▶ 1．总线拓扑结构

在总线拓扑结构中，所有的计算机都在同一条总线上，两个设备不能同时发送数据，否则将发生冲突，其特点是结构简单、设备少、费用低，如图 1.18 所示。

▶ 2．环形拓扑结构

对于环形拓扑结构，网络上每个计算机有两个连接，分别连接到左右离其最近的邻居，全部网络组成一个物理回路，即环。数据绕环单向传输，每个计算机作为中继器工作，并接收和响应与其地址相匹配的分组数据，将其他分组数据发至下个"下游"站，如图 1.19 所示。

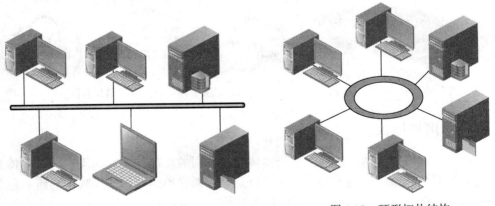

图 1.18　总线型拓扑结构　　　　　图 1.19　环形拓扑结构

3．星形拓扑结构

在星形拓扑结构中，网络中所有的设备都连接到一个网络中继器，如集线器、交换机中，如图 1.20 所示。

星形拓扑的特点是结构简单，便于维护与管理。单个设备故障只影响一台设备，不会影响全网络，但是如果网络中心设备故障，则全网瘫痪，存在单点故障问题。

4．网状拓扑结构

网状拓扑结构利用冗余的设备和线路来提高网络的可靠性，因此，节点设备可以根据当前的网络信息流量有选择地将数据发往不同的线路，如图 1.21 所示。

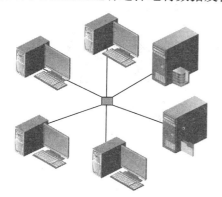 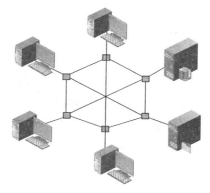

图 1.20　星形拓扑结构　　　　　　图 1.21　网状拓扑结构

在实际网络中，通常会将主要的骨干网络做成网状拓扑结构，非骨干网络做成星形拓扑结构网络。

1.4　应用实践——制作直连线

小张在某公司作实习生，对工作充分新奇和热情。有一天，公司某台计算机出现不能访问网络的故障，工程师带领小张查找故障，经过测试与分析，确认计算机与交换机间连线出现故障。工程师要求小张制作一条直连线，替换故障线缆，排除故障。

制作一条直连线的过程如下。

第 1 步：准备制作工具与材料。

（1）双绞线 1 条，如图 1.22 所示。

（2）水晶头 2 个，如图 1.23 所示。

图 1.22　制作前的双绞线　　　　　图 1.23　水晶头

（3）压线钳 1 把，如图 1.24 所示。

（4）测试器 1 个，如图 1.25 所示。

第 2 步：剥去外绝缘层。

使用专门的削线工具或压线钳，除去双绞线一截外绝缘层，如图 1.26 所示。

第 3 步：排线序。

按照 568B 接线标准，水平排好线序，然后，留下 1cm 左右线长，将多余部分剪去，如图 1.27 所示。

图 1.24　压线钳

图 1.25　测线器

图 1.26　除去双绞线绝缘层

图 1.27　剪齐的双绞线

第 4 步：将排好线序的网线插入水晶头，如图 1.28 所示。

第 5 步：将插入网线的水晶头放入压线钳中，如图 1.29 所示。

图 1.28　将排好线序的网线插入水晶头

图 1.29　将水晶头放入压线钳中

第 6 步：用压线钳将水晶头夹紧，如图 1.30 所示。

第 7 步：用测线仪测试制作完成的双绞线，如图 1.31 所示。

一个完整的直连线就制作完毕了，如图 1.32 所示。

交叉线的制作方法同理，只是两端线序不同而已。

图1.30 用压线钳将水晶头夹紧

图1.31 测试制作完成的双绞线

图1.32 制作完成的直连线

练习题

1．选择题

（1）计算机网络定义中的三点要素有设备、传输介质及（　　　）。

　　A．计算机　　　　　B．交换机　　　　　C．双绞线　　　　　D．协议

（2）计算机网络通信时，传输速率为10~100Mb/s，其中"b/s"表示（　　　）。

　　A．字节/秒　　　　　B．数据块/秒　　　　C．比特/秒　　　　D．报文/秒

（3）按照覆盖地理范围分类，计算机网络分为局域网、城域网及（　　　）。

　　A．广域网　　　　　B．有线网　　　　　C．无线网　　　　　D．专用网

（4）为了实现两台计算机之间传递数据的需要，制作一条双绞线将两台计算机连接起来，这条双绞线应采用（　　　）接线方式。

　　A．交叉线　　　　　B．直连线　　　　　C．反转线　　　　　D．非屏蔽线

（5）办公室内通过交换机将10台计算机连接起来，形成一个小型LAN，这种LAN结构为（　　　）拓扑结构。

　　A．总线型　　　　　B．星形　　　　　　C．环形　　　　　　D．网状

2．简答题

（1）举例说明生活和工作中有哪些网络及其用途。

（2）描述计算机网络的定义。

（3）举例说明生活和工作中有哪些"协议"及用途。

（4）常用的网络拓扑结构有哪些？特点是什么？

3．实践题

（1）制作一条直连线，并进行测试。

（2）制作一条交叉线，并进行测试。

第2章

数据传输过程——OSI 七层模型

→ 本章导入

通过前面的学习我们对计算机网络已经有了初步认识，通过网络设备、传输介质、通信规则将分布在不同地理位置的计算机连接起来，实现资源共享、相互通信。计算机网络系统是一个复杂的系统工程，涉及到寻址、差错控制、数据传输等诸多问题，那么，数据在网络中是如何实现传输的呢？了解计算机网络系统结构对于理解计算机网络工作过程，分析、解决实际工作中存在的网络问题十分必要。

2.1 提出问题

计算机网络是一个可以将不同类型、不同规模、不同地点的网络连接在一起的庞大系统。不同类型的网络系统有着不同的特性、性能及标准，要解决不同类型网络互联的问题，必须制定一个统一标准，形成一个各种类型的网络都能遵守的统一规则。

那么，谁来制定统一规则？统一规则是由什么构成的？其工作过程是什么？掌握这方面知识无论是对网络设备制造商，还是从事网络安装、维护的工程技术人员都是十分必要的。

2.2 工作任务

本章节中，通过学习将完成如下工作任务：
（1）描述 OSI 七层模型构成；
（2）描述 OSI 七层模型各层功能；
（3）描述数据在 OSI 七层模型中的传输过程；
（4）运用 Visio 软件绘制网络拓扑图。

2.3 预备知识

2.3.1 OSI 七层模型的构成

1. 计算机网络分层的必要性

计算机网络是一个非常复杂的系统。为了说明这个问题，假设在网络中连接在一起的两台计算机之间需要传输一个文件，我们需要解决很多问题，包括信号传输、差错控制、寻址、数据交换和提供用户接口等。具体需要完成的工作说明如下。

（1）提供从源主机到达目的主机的通信线路，并解决信号传输过程中出现的衰减与噪声干扰问题，确保线路通信质量。

（2）对网络中的主机进行编址，以便能将数据正确传输到目的主机。

（3）当源主机与目的主机之间存在多条可达的网络路径时，能够选择一条最佳路径。

（4）如果在网络传输过程中出现数据传输错误、重复、丢失等现象，应有可靠的措施保证对方主机最终能够收到正确的数据报文。

（5）需要解决数据传输过程中的流量堵塞、拥挤等现象，协调网络中各设备和谐工作。

（6）若计算机之间的文件格式不兼容，则至少其中一台计算机应完成格式转换。

（7）为用户发送与接收文件提供用户接口或相应的应用程序。

为了将复杂的系统简单化，人们提出了"分层"的方法。运用分层方法，将庞大而复杂的问题转化为若干较小的相对简单的小问题，而这些小问题就比较容易研究与处理了。

2. ISO 组织

在计算机网络发展初期，只有少数几家大公司开始研究与应用。计算机网络体系结构也由各个厂商自己制定，形成了以厂商标准为基础的几个计算机网络系统，如 IBM、Novell、DEC 等。这些由不同厂商提出的计算机网络系统，在体系结构上差别较大，互相之间不兼容，要将不同厂商的产品运用在一个网络中非常困难。因此，有必要制定一个国际标准，让所有厂商都来遵循，生产出符合国际标准的网络产品，实现不同厂商产品互联互通的目的。

ISO 是国际标准化组织（International Organization for Standardization）的缩写，ISO 组织是目前世界上最大、最权威的国际标准化专门机构，负责制定国际标准，协调世界范围的标准化工作。ISO 成立于 1946 年，其总部设在瑞士的日内瓦，于 1983 年提出了 OSI 参考模型的标准框架。

3. OSI 参考模型

OSI 是开放系统互联参考模型（Open System Interconnection）的缩写。其中，"开放"是指非独家垄断标准，任何公司都可以遵循这个标准研制和生产设备或系统，且生产的产品都是兼容的。"系统"是指设备中与互连相关的部分。OSI 是一个抽象概念，它是一个标准框架设计，是产品设计的依据。

OSI 参考模型分成七部分，也称为七层模式，从上到下分为应用层、表示层、会话层、传输层、网络层、数据链路层和物理层。根据各层功能特征进行划分，上三层功能主要是面向用户应用的，下四层功能主要是面向数据传输的，如图 2.1 所示。

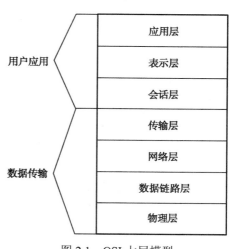

图 2.1　OSI 七层模型

2.3.2　OSI 七层模型各层功能

OSI 七层模型为数据发送端和接收端提供网络服务，其中，发送端是按照从应用层、表示层、会话层、传输层、网络层、数据链路层到物理层的顺序提供服务的，接收端顺序则相反。下面以发送端为例，介绍七层模式各层的构成及功能。

1．应用层

应用层为各种应用程序提供网络服务功能，常见的应用层协议有 HTTP（超文本文件传输协议）、FTP（文件传输协议）等，如图 2.2 所示。

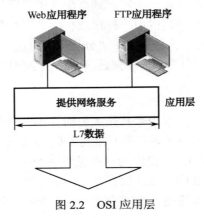

图 2.2　OSI 应用层

2．表示层

表示层负责在数据的传输过程中对数据进行编/解码、加密/解密以及压缩/解压缩。编/解码是指不同的计算机使用不同的编码系统对字符串、数字等信息进行编码，为了让不同的计算机能互相通信，表示层在发送端将信息转换为公共格式，在接收端将信息从公共格式转换为本机可读的格式，如图 2.3 所示。

3．会话层

会话层负责对话控制及同步控制。对话控制是指允许对话以全双工或半双工方式进行；同步控制指可以在数据流中加入若干同步点，当传输中断时可以从同步点重传，如图 2.4 所示。

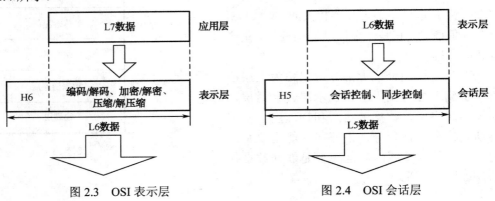

图 2.3　OSI 表示层　　　　　　　图 2.4　OSI 会话层

14

▶ 4. 传输层

传输层负责将上层数据分段并提供端到端的传输。这里提到的端到端的传输是指从进程到进程的传输，如图 2.5 所示。

图 2.5　进程间通信

如图 2.6 所示，传输层的功能有很多，诸如服务点编址、分段重组、连接控制等，但是传输层最重要的功能如下。

（1）负责数据的端到端的传输。要注意传输层所讲的端到端是指计算机通信中的某一进程的源端到目的端，要和网络层的源端和目的端区别开来。

（2）负责服务点的编址。所谓服务点的编址就是说，计算机往往同时运行多个程序，例如同时上 QQ 和浏览网页，那么大量的数据在到达计算机后如何区分哪些数据是 QQ 的数据，哪些数据是浏览网页的数据呢。解决的办法是给不同的程序（进程）编号，即端口号，用数据帧中的特定端口号来区分出数据是属于哪一程序。这种用特定端口号的方式来区分属于不用程序的方式叫服务点编址。

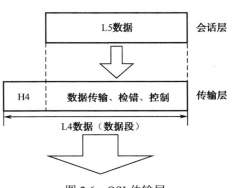

图 2.6　OSI 传输层

（3）传输层的复用与分用功能。复用就是多个应用层进程可同时使用传输层提供的服务。分用则是传输层把收到的信息分别交付上面应用层中的相应进程。

▶ 5. 网络层

网络层负责提供逻辑地址即 IP 地址，使数据从源端发送到目的端，这里的源端和目的端都是指发送计算机和接收计算机，如图 2.7 所示。

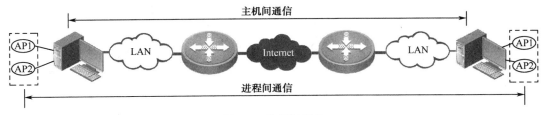

图 2.7　进程间通信

网络层功能主要如下。

（1）为网络设备提供逻辑地址，即 IP 地址。

（2）负责将数据从源端发送到目的端，这里的源端和目的端都是指网络节点，注意与传输层的端的概念的区别，如图 2.8 所示。

（3）负责为转发数据提供路由，路由是指在转发数据的时候，根据数据的目的地址判断从哪一条路径转发数据最优，如图 2.9 所示。

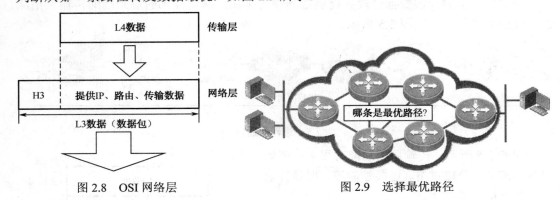

图 2.8　OSI 网络层　　　　　　　　图 2.9　选择最优路径

▶ 6．数据链路层

数据链路层负责管理设备的 MAC 地址，同时决定数据通信的机制和差错控制。

数据链路层的功能主要是：组帧，把从网络层收到的数据流划分成数据帧；物理编址，是在数据帧中封装源目的 MAC 地址；流量控制，可以防止接收端因为过载而产生丢帧，通过差错控制可以检测损坏或丢失的帧，纠错手段主要是重传；接入控制，指的是当有多台设备连接到同一链路时，数据链路层必须决定哪一个设备在什么时刻对链路有控制权，如图 2.10 所示。

▶ 7．物理层

物理层负责二进制信号在物理线路上的传输。物理层或第 1 层定义了实际的机械规范和电子数据比特流，包括电压大小、电压的变动和代表"1"和"0"的电平定义。在这个层中包括了传输的数据速率、最大距离和物理接头。

该层的主要功能是传输时将称做"帧"的报文分解成比特位，然后再将接收到的位重新组织成帧；提供跨物理网络的可靠的数据发送，只保证信息被发送，而不保证寻址任务以及是否被接收、处理流控、检错和差错控制。该层重要任务是创建和管理由网络发送出去的数据帧，如图 2.11 所示。

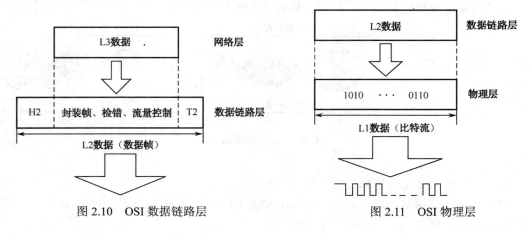

图 2.10　OSI 数据链路层　　　　　　　图 2.11　OSI 物理层

2.3.3　数据传输过程

七层模型中的每一层都有自己独立的功能，但是各层之间又相互依靠，下层为上层提供服务，上层依赖于下层。每一次数据的传输都是从发送端的应用层开始逐层传输，最后到达物理层后传输到接收端，在接收端又从物理层到应用层对数据进行处理。

OSI 各层都有自己独立的功能，互相之间相互独立又互相依靠。例如，主机 A 发送数据到主机 B 时数据在各层间传输过程如图 2.12 所示。

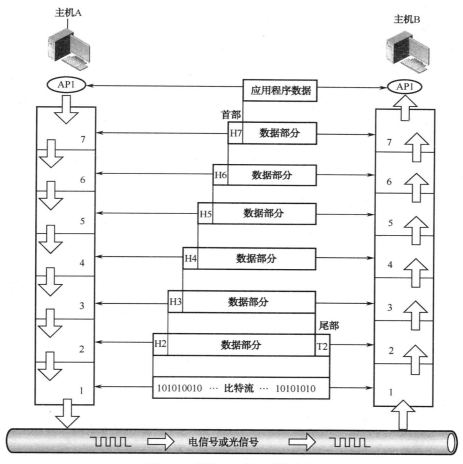

图 2.12　数据在各层间传输过程

首先，应用层提供应用程序和网络服务的接口，使应用程序能够使用网络服务。表示层把文字信息进行编码，如果需要的话，还可以进行加密、压缩等处理。会话层则负责建立会话连接，并且可以在数据流中加入若干同步点。在到达传输层后，传输层首先对应用数据进行分段，然后为每个数据段加上传输层报头，主要包括源端口及目的端口等字段，由传输层负责进程到进程的传输。继续向下到网络层后，加上网络层报头，主要包括源 IP 地址及目的 IP 地址等字段，由网络层负责将数据从源端传送到目的端，这里的源端和目的端分别指发送数据的计算机和接收数据的计算机。到达数据链路层后，加上链路层报头，由数据链路层负责数据传送过程中的节点到节点的传送。数据到达物理层后，由物理层负责数据在物理线路上的传输。

从这个过程可以看出，各层互相之间都有联系，下层的功能为上层提供服务，例如，只有数据能够在物理线路上正确传输，数据才可能从一个节点到达下一节点，只有实现一个节点到下一个节点，才可能实现从源计算机到目的计算机。

2.4　应用实践——绘制拓扑图

小刘是刚刚通过招聘入职的大学毕业生，正赶上公司扩大规模，公司领导要求小刘配合王工程师完成公司网络的规划与设计任务。王工程师带领小刘勘察了公司办公环境，并通过与领导交谈，了解公司未来发展设想。王工程师指导小刘绘制公司网络拓扑图。

在网络工程中，经常需要描述网络的拓扑结构。准确、熟练地绘制网络拓扑图是每个工程技术人员必备的基本技能之一。目前，常用微软公司的 Visio 软件绘制网络拓扑图。下面就简单介绍一下 Visio 的使用方法。

（1）启动 Visio 软件。选择【开始】→【程序】→【Visio2007】命令，打开 Visio 软件主界面，如图 2.13 所示。

（2）单击【基本网络图】图标，进入绘图面板，如图 2.14 所示。

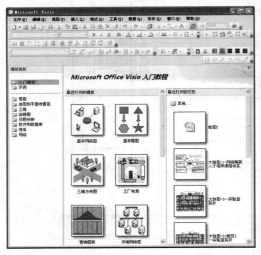

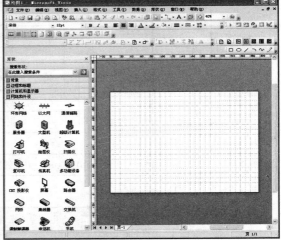

图 2.13　Visio 主界面　　　　　　　　　　图 2.14　Visio 绘图面板

（3）根据需要，选择相应图标，按住鼠标拖入绘图面板中，并利用绘图工具，选择合适线型与颜色，绘制连线。

（4）完成绘图后，选中绘制的全部图形，通过【形状】菜单，选择【组合】选项，将绘制的图形组合成一个整体图形，如图 2.15 所示。

（5）保存绘制的图形，也可以选中绘制好的图形，复制到剪切板中，再粘贴到 Word 文档中使用。

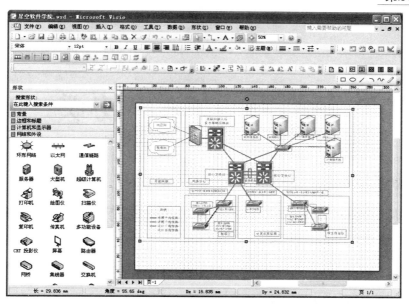

图 2.15 选择整体图形并组合

练习题

1．选择题

（1）计算机网络体系采用分层结构是为了（　　　）。

    A．将运算分层计算　　　　　　　　　　B．将复杂问题简单化

    C．减少工作量　　　　　　　　　　　　D．集中管理

（2）OSI 参考模式是由（　　　）组织提出的网络互联标准。

    A．IBM　　　　　　　B．IEEE　　　　　　C．EIA　　　　　　D．ISO

（3）下面（　　　）不包括在 OSI 参考模型中。

    A．网络层　　　　　　B．网络接口层　　　C．数据链路层　　　D．应用层

（4）在 OSI 参考模型中，（　　　）实现了不同主机进程之间通信。

    A．应用层　　　　　　B．传输层　　　　　C．网络层　　　　　D．数据链路层

（5）在 OSI 参考模型中，（　　　）实现了不同主机之间数据报的传输。

    A．应用层　　　　　　B．传输层　　　　　C．网络层　　　　　D．数据链路层

2．简答题

（1）描述 OSI 七层模型的构成及各层功能。

（2）描述 OSI 七层模型各层之间关系。

（3）分别叙述 OSI 中发送端及接收端的数据传输过程。

3．实践题

（1）绘制机房网络拓扑图。

（2）绘制校园网网络拓扑图。

第3章
数据传输案例——TCP/IP 协议

本章导入

通过前面的学习我们已经知道计算机网络的通信需要遵循 OSI 参考模型，那么在网络应用中如何实现 OSI 参考模型的功能呢？TCP/IP 协议可以实现 OSI 参考模型功能，是网络中 OSI 参考模型的具体实现案例。

3.1　提出问题

OSI 参考模型是不同类型计算机进行通信的框架结构，其功能必须通过具体协议来实现。TCP/IP 协议是目前最流行的商业化网络协议，能实现不同类型网络的互联，并得到了世界很多设备制造商、软件公司的支持。尽管它不是国际标准化组织提出的正式标准，但它已被公认为是目前的工业标准或"事实标准"。

3.2　工作任务

本章节中，通过学习将完成如下工作任务：
（1）描述 TCP/IP 协议的构成；
（2）描述 TCP/IP 协议各层功能；
（3）描述 OSI 参考模型与 TCP/IP 协议的对应关系；
（4）配置计算机 TCP/IP 协议相关参数，实现计算机连接网络功能。

3.3　预备知识

3.3.1　TCP/IP 协议概述

TCP/IP（Transmission Control Protocol/Internet Protocol）是指传输控制协议/网际协议，是一个协议族或协议栈的名称。它起源于美国 ARPANET 网，由它的两个主要协议即 TCP 协议和 IP 协议而得名。TCP/IP 是 Internet 上所有网络和主机之间进行交流所使用的共同"语言"，是 Internet 使用的一组完整的标准网络连接协议。通常所说的 TCP/IP 协议实际上包含了大量的协议和应用，且由多个独立定义的协议组合在一起，因此，更确切地说，应该称其为 TCP/IP 协议集。

OSI 参考模型研究的初衷是希望为网络体系结构与协议的发展提供了一种国际标准，但由于 Internet 在全世界的飞速发展，使得 TCP/IP 协议得到了广泛的应用，虽然 TCP/IP 不是 ISO 标准，但广泛的使用也使 TCP/IP 成为一种"实际上的标准"，并形成了 TCP/IP 参考模型。不过，ISO 的 OSI 参考模型的制定也参考了 TCP/IP 协议集及其分层体系结构的思想。而 TCP/IP 在不断的发展过程中也吸收了 ISO 标准中的概念及特征。

TCP/IP 协议具有以下的几个特点：

（1）开放的协议标准，可以免费使用，并且独立于特定的计算机硬件与操作系统；

（2）独立于特定的网络硬件，可以运行于局域网、广域网中，更适用于互联网中；

（3）统一的网络地址分配方案，使得整个 TCP/IP 设备在网中有一个唯一的地址；

（4）标准的高层协议，可以提供多种可靠的用户服务。

3.3.2 TCP/IP 协议的构成

与 OSI 参考模型不同，TCP/IP 体系结构将网络划分为网络接口层（Network Interface Layer）、互联层（Internet Layer）、传输层（Transport Layer）、应用层（Application Layer）4 层，如图 3.1 所示。

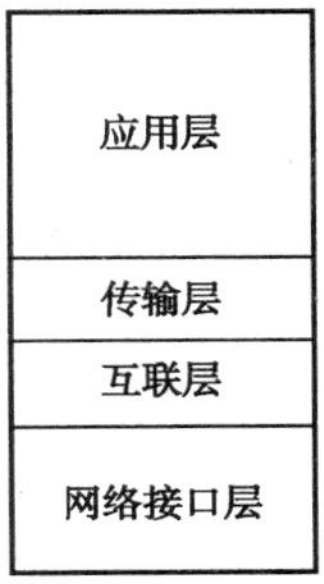

> **1. 网络接口层**

网络接口层是 TCP/IP 协议的最低层，负责将 IP 数据包变成比特流传递到传输介质中，以及将传输介质中的比特流接收后转变为数据包的逆过程。该层包括各种现有的主流物理网络协议与技术，如：PPP、HDLC、ATM、FR、IPX、PPPoE 等。

应用层
传输层
互联层
网络接口层

图 3.1　TCP/IP
体系结构

> **2. 互联层**

互联层是 TCP/IP 体系结构的倒数第二层，负责将源主机的报文分组发送到目的主机。为了实现这一功能，需要提供路径选择与主机之间通信服务。在传输过程中，需要一系列相关协议支持，包括 IP、ICMP、ARP、RARP 等协议。

IP（Internet Protocol，网际协议）是 TCP/IP 体系中的最主要协议之一，可以将不同类型的网络连接起来，实现多种异构网络在网络层上看起来好像是一个统一的网络。

ICMP（Internet Control Message Protocol，网际控制报文协议）负责网络互联层的错误诊断、拥塞控制、路径控制及查询服务等。

ARP（Address Resolution Protocol，地址解析协议）负责将 IP 地址转换成对应的 MAC 地址。

RARP（Reverse Address Resolution Protocol，反向地址转换协议）负责将 MAC 地址转换为对应的 IP 地址。

> **3. 传输层**

传输层提供应用程序间的通信，其功能包括对数据进行分段封装、提供可靠传输等。TCP/IP 传输层包括两个协议：TCP 协议及 UDP 协议。

TCP（Transmission Control Protocol，传输控制协议）是 TCP/IP 体系中最重要的协议之一。它是一个面向连接、可靠传输的协议，适合于对传输可靠性要求比较高的应用环境。

UDP（User Dadagram Protocol，用户数据报协议）是与 TCP 相对应的协议。它是面向非连接的、非可靠的传输协议，适合于一次传输少量数据、对可靠性要求不高的应用环境。

TCP 和 UDP 各有所长、各有所短，适用于不同要求的应用环境。

▶ 4. 应用层

应用层负责向用户提供一组常用的网络应用，包括 DHCP、DNS、HTTP、SMTP、POP3、Telnet、SNMP、FTP 等。

DHCP（Dynamic Host Configuration Protocol，动态主机设置协议）是一个局域网的网络协议，为局域网客户端自动分配 IP 地址等网络信息，适合于移动用户网络参数自动配置。

DNS（Domain Name System，域名系统）负责将域名转换为 IP 地址，实现网络资源访问。

HTTP（HyperText Transport Protocol，超文本传输协议）是通过因特网传送万维网文档的数据传送协议，制定浏览器和万维网服务器之间互相通信的规则。

SMTP（Simple Mail Transfer Protocol，简单邮件传输协议）是一种在 Internet 上传输邮件的协议，负责制定一组用于由源地址到目的地址传送邮件的规则，使用它能实现跨越网络传递电子邮件。

POP3（Post Office Protocol 3，邮件协议第 3 版本）是一种个人计算机连接到互联网上的邮件服务器进行收发邮件的协议。POP3 协议允许用户从服务器上把邮件存储到本地主机上，同时根据客户端的操作删除或保存在邮件服务器上的邮件。

Telnet 协议也是 TCP/IP 协议族中的一员，是一种制定远程登录规则的协议，为用户提供了在本地计算机上完成登录远程主机的工作能力。

SNMP（Simple Network Management Protocol，简单网络管理协议）由一组网络管理的标准组成，包含一个应用层协议（Application Layer Protocol）、数据库模型（Database Schema）和一组资料物件。该协议能够支持网络管理系统，用以监测连接到网络上的设备运行情况。

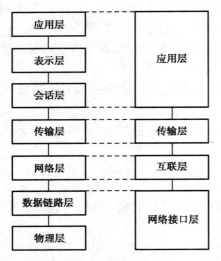

图 3.2　TCP/IP 体系结构与 OSI 参考模型

FTP（File Transfer Protocol，文件传输协议）是 TCP/IP 网络上两台计算机传送文件的协议。FTP 客户机可以通过给服务器发出命令来下载文件、上载文件、创建或改变服务器上的目录。

3.3.3　比较 OSI 参考模型与 TCP/IP 协议

TCP/IP 的分层体系结构与 ISO 的 OSI 参考模型有一定的对应关系，如图 3.2 所示。其中，TCP/IP 体系结构的应用层与 OSI 参考模型的应用层、表示层及会话层相对应；TCP/IP 的传输层与 OSI 参考模型的传输层相对应；TCP/IP 的互联层与 OSI 的网络层相对应；TCP/IP 的网络接口层与 OSI 的数据链路层和物理层相对应。

3.3.4　常用的 TCP/IP 实用命令

▶1．Ping 命令

Ping 命令常用于测试网络中两个计算机间是否能连通。当网络中出现故障时，为了查找故障位置，使用 Ping 命令发送一些小的数据包，如何能够接收到目标主机返回的响应数据包，则判定这段链路及网络配置正常，需继续查找故障源。

命令格式如下：

> Ping [-t] [-n count] [-l size]　目标地址

其中：

-t：使当前主机不断地向目标主机发送数据，直到使用 Ctrl+C 组合键中断；

-n count：指定要执行多少次 Ping 命令，count 为正整数值；

-l size：发送数据包的大小。

例如：C:\>ping 192.168.1.1　-t　不断地向主机 192.168.1.1 发送数据包，直到按 Ctrl+C 组合键中断；C:\>ping 192.168.1.1 -n 10　向主机 192.168.1.1 发送 10 个数据包。

▶2．Ipconfig 命令

Ipconfig 命令可以查看主机网卡的 MAC 地址、IP 地址、子网掩码及默认网关等信息。命令格式如下：

> Ipconfig [/all]

其中：

/all：显示所有的配置信息。

例如：C:\>ipconfig/all　显示主机网卡的所有配置信息。

3.4　应用实践

小刘是某网络工程公司的技术员，一天应某企业请求为该企业提供技术支持，企业要求内部计算机能够访问共享目录内的文件资源，实现办公自动化。为了简化设置，首先解决网卡安装、计算机网络参数配置及共享目录设置问题，为后续问题解决奠定基础。

3.4.1　安装网卡

网卡的安装步骤如下：

第 1 步：打开主机机箱，找到安装网卡的 PCI 插槽，如图 3.3 所示。

第 2 步：将网卡插入 PCI 插槽中，并固定网卡，如图 3.4 所示。

3.4.2　连接两台计算机

为了实现通过网线连接的两台计算机能够相互通信，需要分别对两台计算机（本实验的计算机操作系统为 Win7）进行网络参数配置，包括 IP 地址、子网掩码等。假设两台计算机的 IP 地址分别是 192.168.1.10/24、192.168.1.11/24，在计算机 1 中建立共享文件夹 D:\root，实现资源共享，如图 3.5 所示。

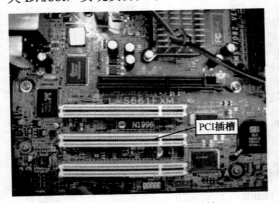

图 3.3　安装网卡的 PCI 插槽

图 3.4　将网卡插入 PCI 插槽中

计算机1
IP：192.168.1.10
子网掩码：255.255.255.0

计算机2
IP：192.168.1.11
子网掩码：255.255.255.0

图 3.5　两台计算机连接

3.4.3　配置计算机网络参数

▶1．配置计算机 1 网络参数

（1）在桌面上单击"开始"菜单，单击"控制面板"命令，进入开始"控制面板"窗口，如图 3.6 所示。

（2）在"控制面板"窗口中，单击"网络和共享中心"选项，进入"网络和共享中心"窗口，如图 3.7 所示。

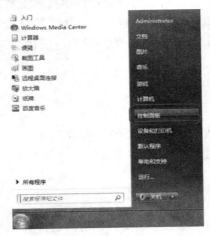 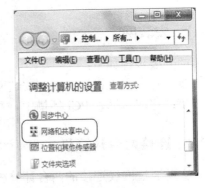

图 3.6　进入控制面板　　　　　　　图 3.7　进入网络和共享中心

（3）在"网络和共享中心"窗口中，单击"更改适配器设置"选项，进入"更改适配器配置"窗口，如图 3.8 所示。

（4）在"更改适配器设置"窗口中，单击"本地连接"，如图 3.9 所示，进入"本地连接状态"窗口，如图 3.10 所示。

图 3.8　进入更改适配器设置

图 3.9　进入本地连接

（5）在"本地连接状态"窗口中，单击"属性"按钮，进入"本地连接属性"窗口，如图 3.11 所示。

图 3.10　进入本地连接状态

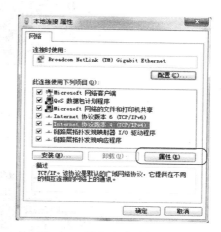

图 3.11　进入本地连接属性

（6）在"本地连接属性"窗口中，选中"Internet 协议版本 4（TCP/IPv4）"复选框，单击"属性"按钮，进入"Internet 协议版本 4（TCP/IPv4）属性"窗口，如图 3.12 所示。

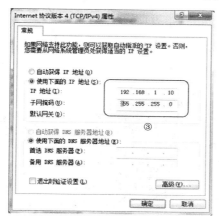

图 3.12　配置 IP 地址及子网掩码

在"Internet 协议版本 4（TCP/IPv4）属性"窗口中，选中"使用下面的 IP 地址"单选按钮，并设置 IP 地址及子网掩码，单击"确定"按钮，保存修改参数。

2．配置计算机 2 网络参数

计算机 2 的网络参数中 IP 地址为 192.168.1.11，子网掩码为 255.255.255.0，配置方法及布置同计算机 1，在此略。

3．测试网络连通性

在配置完两台计算机的网络参数后，检查网络是否连通。

（1）用测线器测试双绞线是否完好，检查双绞线是否正确连接到计算机网卡接口上。

（2）在计算机 1 上，在"开始"处输入 cmd 命令后回车，进入命令提示符窗口，在提示符下输入 ipconfig/all 命令，查看计算机 1 的 IP 地址配置是否正确，如图 3.13 所示。

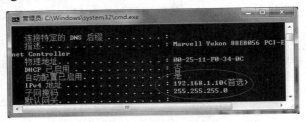

图 3.13　查看计算机 1 的 IP 地址配置

（3）在计算机 1 上使用 Ping 命令测试计算机 1 与计算机 2 的网络连通性。如果显示结果如图 3.14 所示，表示计算机 1 与计算机 2 可以正常通信。

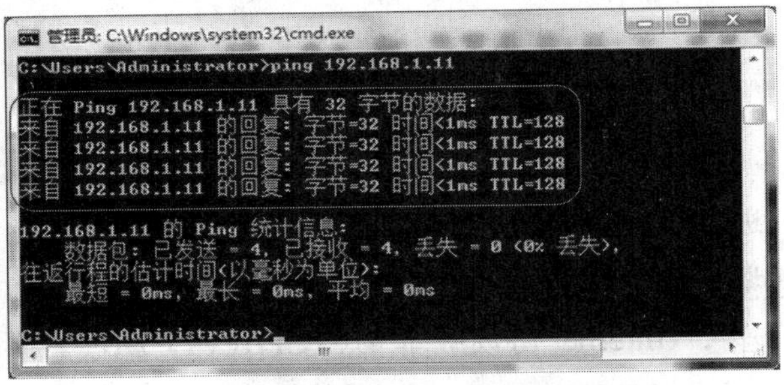

图 3.14　计算机 1 能 Ping 通计算机 2 情况

（4）如果 Ping 的结果如图 3.15 所示，表示目标主机不可达，需要进一步查询计算机 2 的配置情况。

图 3.15　计算机 1 不能 Ping 通计算机 2 情况

（5）同理，查看在计算机 2 的 IP 地址配置是否正确，如图 3.16 所示。

图 3.16　查看计算机 2 的 IP 地址配置

（6）在计算机 2 上 Ping 计算机 1，测试连通性，如图 3.17 所示。

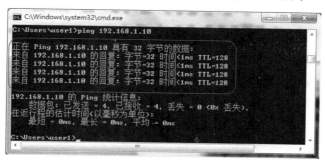

图 3.17　计算机 2 上 Ping 计算机 1 情况

3.4.4　共享网络资源

▶1. 创建用户账户

为了实现远程访问网络共享资源，必须事先建立远程访问网络共享资源的用户账户（包括用户名称及密码）。需要分别在计算机 1 和计算机 2 上建立相同的用户账户名称和密码。下面仅描述在计算机 1 上创建用户账户 User1 的过程，同理在计算机 2 上也需要创建用户账户 User1，两者的过程完全相同。

（1）在计算机 1 的桌面上，单击"开始"菜单，单击"控制面板"命令，进入"控制面板"窗口。在"控制面板"窗口中，单击"用户账户和家庭安全"，如图 3.18 所示。

图 3.18　进入用户账户和家庭安全

（2）在"用户账户和家庭安全"窗口中，单击左下角的"创建一个新用户"命令，进入"创建新账户"窗口，如图 3.19 所示。

图 3.19　创建一个新账户

（3）在"创建新账户"窗口中，输入账户名称 User1，选中"标准用户"（默认值）单选项。然后，单击"创建账户"按钮，完成用户账户建立，如图 3.20 所示。

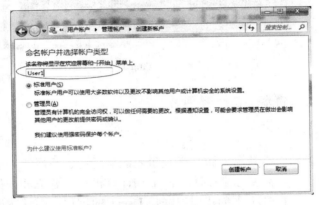

图 3.20　创建 User1 用户账户

（4）进入"管理账户"窗口，此时多了一个标准用户 User1。单击用户 User1 图标，进入"更改账户"窗口，如图 3.21 所示。

图 3.21　更改账户

（5）在"更改账户"窗口中，单击"创建密码"命令，进入"创建密码"窗口，如图 3.22 所示。

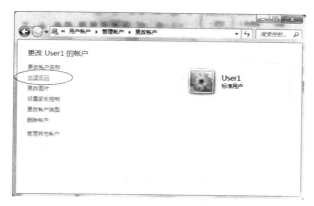

图 3.22 进入创建密码

（6）在"创建密码"窗口中，输入用户 User1 的密码，并再次输入确认密码，无误后，单击"创建密码"按钮，如图 3.23 所示。

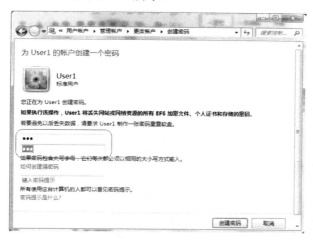

图 3.23 创建密码

至此，完成了在计算机 1 上创建用户 User1 账户的过程。在计算机 2 上同样需要创建一个 User1 账户，账户名称和密码完全相同，创建过程略。

2. 设置共享文件夹

假设已经在计算机 1 中创建了文件夹 D:\root，并在该文件夹中放置一个共享文件 abc.doc。希望计算机 2 通过网络能够访问计算机 1 中 D:\root 的共享文件 abc.doc。

（1）为了设置文件夹 D:\root 为共享文件夹，用鼠标右键单击文件夹 D:\root。在弹出的快捷菜单中选择"共享"选项卡，然后单击"特定用户…"选项并进入"选择要与其共享的用户"窗口。在下拉菜单中，选择 User1，单击"添加"按钮，如图 3.24 所示。

（2）默认情况下，新建用户对共享文件夹的访问权限仅是读取权限，可以修改用户权限为"读取/写入"，然后单击右下角的"共享"按钮，如图 3.25 所示。

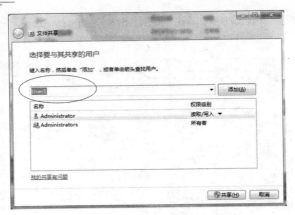

图 3.24　选择共享用户

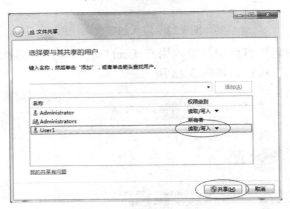

图 3.25　设置用户访问权限

3. 访问资源共享

（1）为了实现用户 User1 在计算机 2 上通过网络连接访问计算机 1 共享文件夹 D:\root 中的文件 abc.doc 目的，需要以用户 User1 身份在计算机 2 上登录（输入用户名 User1 及密码）。

（2）登录计算机 2 后，按 Windows+R 组合键，在弹出"运行"窗口中输入\\192.168.1.10 并回车，如图 3.26 所示。

（3）在显示计算机 1 的共享文件夹窗口中，单击共享文件夹 root，进入共享文件夹，如图 3.27 所示。

图 3.26　输入共享 IP 地址

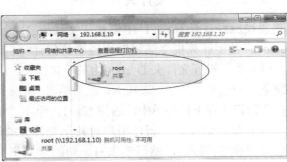

图 3.27　远程访问共享文件夹

（4）进入共享文件夹 root 后，即可对共享文件 abc.doc 进行操作，如复制、修改等，如图 3.28 所示。

图 3.28　远程访问共享文件

练习题

1．选择题

（1）TCP/IP 体系结构中，与 OSI 参考模型的网络层对应的是（　　）。

A．应用层　　　　　　B．传输层　　　　　　C．互联层　　　　　　D．数据链路层

（2）TCP/IP 体系结构中，（　　）包含在网络接口层中。

A．DHCP　　　　　　B．IP　　　　　　　　C．PPP　　　　　　　D．TCP

（3）TCP/IP 体系结构中，（　　）包含在网络层中。

A．HTTP　　　　　　B．POP3　　　　　　C．ICMP　　　　　　D．UDP

（4）在 TCP/IP 体系结构中，（　　）可以保障数据的可靠传输。

A．ARP　　　　　　　B．IP　　　　　　　　C．TCP　　　　　　　D．UDP

（5）在网络调试过程中，通常使用 Ping 命令完成（　　）工作。

A．测试网络带宽　　　　　　　　　　B．分配 IP 地址

C．测试网络连通性　　　　　　　　　D．地址转换

2．简答题

（1）TCP/IP 体系结构中是如何分层的？各层的功能是什么？

（2）比较 OSI 参考模式与 TCP/IP，描述其对应关系。

（3）描述 TCP 与 UDP 协议主要异同点。

3．实践题

（1）记录你的计算机中配置的 TCP/IP 参数（IP 地址、子网掩码、网关地址等）。

（2）描述实现两台计算机相互传递文件的过程与步骤。

构建共享局域网——物理层

🔵 **本章导入**

通过前面的学习我们已经能够制作双绞线、配置网卡 TCP/IP 参数、设置共享文件夹实现资源共享，那么计算机如何通过双绞线将数据从一台计算机传输到另一台计算机上的呢？如果通过其他传输介质（如光纤、无线等）又如何解决呢？这些问题需要我们认真思考。

📐 4.1 提出问题

当前计算机间通信手段多种多样，计算机网络中的硬件和传输介质的种类非常**繁多**，要保证能够使用各种传输介质实现计算机间有效的数据传输，必须解决计算机内数据到传输介质比特流的转换问题、计算机与传输介质的接口问题、数据在介质上的表示问题、计算机间传输数据的规程问题等。

这些问题的解决是物理层的基本功能，由于网络连接方式很多（如点对点、点对多点等），传输介质种类也很多（如双绞线、同轴电缆、光纤、无线等），就需要物理层有多种协议。

📐 4.2 工作任务

本章节中，通过学习将完成如下工作任务：
（1）描述数据通信过程；
（2）描述基带传输原理；
（3）描述频带传输原理；
（4）组建一个简单办公室网络。

📐 4.3 预备知识

4.3.1 数据通信概述

🔵 1. 物理层概述

在通信过程中，通信双方通过各种传输介质实现信号的传递，介质不同传输信号的形式也不同，如：在双绞线、同轴电缆等介质上传输电信号，在光缆上传输光信号，在无线介质上传输电磁信号等。物理层需要根据不同介质完成将计算机内的比特流转换为各种物理信号，并且还要解决与各种不同物理介质的接口问题。物理层需要解决的主要问题如下。

（1）物理接口。为了与不同物理介质连接，需要规定连接器的形状、尺寸、引脚数目、排列等规格。

（2）电气性能。指明在接口电缆上各条线上的电压、电流等级与范围。

（3）功能规范。指明某条线上的某一电压或电流代表的意义。

（4）操作规范。指明对于不同功能的各种事件的出现顺序。

物理层的定义和规定比较多，但是其目的都是一样的，即实现主机与各种传输介质的完美对接，实现传递比特流（物理信号）的目的。

2．通信系统概述

下面以两台计算机通过公共电话网进行数据通信为例，介绍计算机通信系统的构成。如图4.1所示，计算机主机A和主机B通过调制解调器与公共电话网连接。

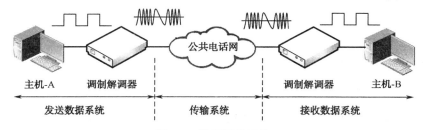

图4.1　数据通信系统

在上述数据通信系统中，主机与调制解调器间使用数字信号传输数据信息，调制解调器间使用模拟信号传输数据信息。

通信的目的是传送消息，如：语音、文字、图像等都是消息。消息是以数据文件来表示的，如：文字、表格、图像文件等。信号是数据的一个物理表现形式，如：电信号、光信号等。

3．几个基本术语

（1）模拟信号与数字信号

信号根据取值范围方式不同，分为模拟信号和数字信号。模拟信号的取值是连续的；数字信号的取值是离散的，代表不同离散数值的基本波形称为码元。在使用二进制编码时，只有两种不同的码元，一种代表0状态，另一种代表1状态。

（2）模拟信道与数字信道

信道是指发送端与接收端之间传递信息的逻辑通道。一条物理线路可以划分为多个信道，实现同时传输不同数据信息。

通常情况下，将传输模拟信号的信道称为模拟信道，模拟信道适合长距离数据传输；将传输数字信号的信道称为数字信道。

（3）常用通信方式

常用双方交换信息的通信方式有三种：单工通信、半双工通信、双工通信。

单工通信是指通信的双方只能有一个方向的通信而没有反方向的交互，如：无线电广播、电视广播等。

半双工通信是指通信的双方可以有两个方向的通信，但是同一时刻只能有一个方向的通信，如：对讲机等。

双工通信是指通信的双方可以同时有两个方向的通信，即可以同时接收和发送，如：电话等。

（4）调制

由计算机或终端产生的代表各种文字或图像文件的数字信号，这种未经调制的信号所占用的频率范围叫基本频带，简称基带（Base Band）。这种数字信号就称基带信号。由于基带信号往往频率较低，不能很好地适用通信介质，只适合近距离的简单传输数据。如果需要进行长距离数据传输，必须对基带信号进行调制，使得调制后的信号符合通信介质特性。

调制分为两大类。一类是仅仅对基带信号的波形进行变换，使它能够与信道特性相适应，变换后的信号仍然是基带信号，这类调制称为基带调制；另一类则是使用载波进行调制，把基带信号的频率范围移到较高的频段以便在信道中传输，这类调制称为带通调制。

4.3.2　基带传输

▶ 1.　基带传输概述

计算机系统内使用二进制表示各种数据，在传输数据时需要将二进制数据转换成物理信号在媒体介质中传输。最简单、最直接的方法是使用脉冲信号表示二进制数据。一个脉冲信号是由直流信号、基频信号、低频信号及高频信号混合而成的，其中基频信号是主流，能代表脉冲信号的基本特征。

当在数字信道中传输数字信号时，通常不会也不可能将与脉冲信号有关的所有直流、基频、低频和高频信号成分全部在数字信道上传输。只要将占据脉冲信号大部分的基带信号传输出去，就可以在接收端识别出有效的原始数据信号。通常将这种在数字信道中以基带信号形式直接传输数据的方式称为基带传输。

基带传输是一种非常基本的数据传输方式，它适合传输各种速率的数据，且传输过程简单、设备投资少。但是基带信号在传输过程中容易衰减，在没有信号放大的情况下，基带信号的传输距离一般不会超过 2.5 千米。因此，基带传输多用于近距离数据传输，如局域网中的数据传输。

▶ 2.　数字信号编码

在基带信号传输中，由于原始的基带信号所具有的一些特征并不适合直接在数字信道上进行传输，因此为了更好地传输这些信号，需要在发送端对它们进行必要的编码，在接收端进行解码。编码方法有多种，重点介绍如下几种。

（1）不归零编码

不归零编码（Non-Return Zero，NRZ）分别采用两种高低不同的电平表示二进制的 0 和 1。通常，用高电平表示 1，低电平表示 0，如图 4.2（a）所示。

不归零编码实现简单，但其抗干扰能力较差。另外，由于接收方不能准确地判断数据信息的开始位和结束位，从而发送方和接收方不能保持同步。为了保持同步，通常需要一个专门用于传送同步时钟信号的信道。

（2）曼彻斯特编码

曼彻斯特编码（Manchester）是将每比特的信号周期 T 分为前 $T/2$ 和后 $T/2$，用前 $T/2$ 传送该比特的反码，用后 $T/2$ 传送该比特的原码。因此，用这种编码方式，每一位波形信号中的中点（即 $T/2$ 处）都存在一个电平跳变，如图 4.2（b）所示。由于任何两次电平跳变的时间间隔都是 $T/2$ 或 T，因此可以将电平跳变信号作为双方的同步信号，而不需要另外的同步信号。

与不归零编码相比较，曼彻斯特编码使用跳变方式表示数据具有更强的抗干扰能力。

（3）差分曼彻斯特编码

差分曼彻斯特编码是对曼彻斯特编码的一种改进，保留了曼彻斯特编码自含时钟编码的优点，仍将每比特中间的跳变作为同步信号，但是每比特的数值则根据其开始处是否出现电平的跳变来决定。通常规定为跳变代表 0，无跳变代表 1，如图 4.2（c）所示。

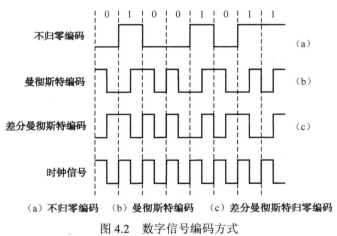

图 4.2 数字信号编码方式

4.3.3 频带传输

1. 频带传输概述

由于基带传输受到距离的限制，因此在远距离传输过程中常常采用模拟通信。利用模拟信道以模拟信号形式传输数据的方式称为频带传输。

为了将计算机系统内的二进制数据转换为适合模拟信道传输的模拟信号，需要选取某一个频率范围的正弦波作为载波，然后将要传输的数字数据附加到载波上，这个承载了数据信号的载波信号称为调制后信号。调制后信号被传输到接收端，经过剥离数字信号，送交计算机处理。

通常将在发送端承担调制功能的设备称为调制器，而将数据接收端承担剥离数字信号功能的设备称为解调器。由于数据通信是双向的，因此无论是发送端还是接收端都应具有调制功能和解调功能，将具有这样功能的设备称为调制解调器（MODEM）。

▶2．数字信号的调制解调

由于正弦交流信号的载波可以用 $A\sin(2\pi f(t)+\varphi)$ 表示，即参数振幅 A、频率 f、相位角 φ 的变化均会影响信号波形。振幅 A、频率 f 和相位 φ 都可以作为控制载波特性的参数，由此产生幅度调制、频率调制和相位调制 3 种基本调制方式。

（1）幅度调制

幅度调制又叫幅移键控（ASK）。在幅度调制中，频率和相位为常量，幅度随发送的数字数据变化而改变。当发送的数据为 1 时，幅度调制信号的振幅保持某个电平不变，即有载波信号发射；当发送的数据为 0 时，幅度调制信号的振幅为零，即没有载波信号发射，如图 4.3（a）所示。幅度调制方式容易实现、技术简单，但是易受突发性干扰的影响，因此不是一种理想的调制方式。

（2）频率调制

频率调制也叫频移键控（FSK）。在频率调制中，幅度和相位为常量，频率是变量。当发送的数据为 1 时，频率调制信号的频率为 f_1；当发送的数据为 0 时，频率调制信号的频率为 f_2，如图 4.3（b）所示。频率调制不仅实现简单，而且比幅度调制有较强的抗干扰性，是一种常用的调制方式。

（3）相位调制

相位调制也叫相移键控（PSK）。在相位调制中，振幅和频率为常量，相位角是变量。当发送的数据为 1 时，相位调制信号的相位角为 φ_1；当发送数据为 0 时，相位调制信号的相位角为 φ_2，如图 4.3（c）所示。与幅度调制和频率调制相比较，相位调制实现技术复杂，但是具有很强的抗干扰能力和较高的编码效率。

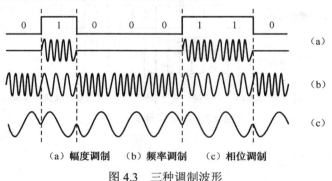

（a）幅度调制　（b）频率调制　（c）相位调制

图 4.3　三种调制波形

4.3.4　网络设备

由于信号在物理介质传输过程中会不可避免地存在衰减问题，从而使信号的有效传输距离受到限制。因此，在实际组建网络过程中，经常会遇到网络覆盖范围超过介质最大传输距离限制的情况。为解决此类问题，需要在网络中安装特定的网络设备，对衰减的信号进行整形、放大，从而拓展网络中信号的传输距离。常用的物理层设备有中继器和集线器。

▶1．中继器

中继器具有对物理信号进行整形、放大功能，可将输入端口接收的物理信号经过整形、放大后从输出端口送出，如图 4.4 所示。中继器具有安装简单、使用方便以及价格相对低廉等特点。

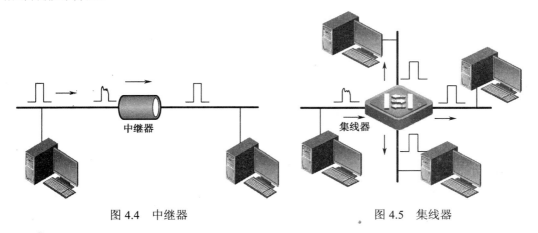

图 4.4 中继器 　　　　　　　　　　　图 4.5 集线器

▶2．集线器

集线器是网络连接中经常使用的设备，它在物理上被设计为集中式的多端口中继器。集线器从某一个端口接收衰减信号，经过整形、放大后，从除接收端口以外的其他端口发送出去，如图 4.5 所示。通过集线器连接的网络，从物理连接上看构成星型拓扑结构，但是从逻辑上看构成总线型拓扑结构。

4.4 应用实践

4.4.1 背景描述

小刘经过前面的实践，基本解决了网卡安装、网络参数配置及共享目录设置等问题。为了满足企业办公自动化的需求，需要通过集线器或交换机构建简单的办公室网络，实现计算机文档资源及打印机资源共享，如图 4.6 所示。

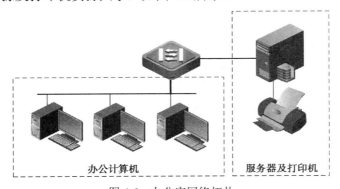

办公计算机　　　　　　　　　服务器及打印机

图 4.6 办公室网络拓扑

在本应用实践教学中，办公室计算机及服务器操作系统采用 Win7，打印机为HP1010。

4.4.2　配置 IP 地址

办公网络设备 IP 地址分配如下：

计算机：192.168.1.1～192.168.1.10，子网掩码：255.255.255.0;

服务器：192.168.1.100，子网掩码：255.255.255.0。

具体配置方法前面章节已介绍，在此略。

4.4.3　配置共享文件夹

为实现文档资源共享，在服务器上设置共享文件夹 D:\DOC。将共享文档放置于此文件夹中，供其他计算机访问。

具体配置方法前面章节已介绍，在此略。

4.4.4　配置共享打印机

在 Win7 操作系统中，只要通过 USB 端口连接打印机并且通电启动后，计算机会自动加载相应打印机设备驱动程序。如果 Win7 中不能识别打印机，则需要管理员安装设备驱动程序。

待打印机可以正常使用后，需要设置本地打印机共享功能。打印机资源共享同文件资源共享一样，需要设置用户权限。一般只有注册的用户才可以访问网络资源（文件、打印机等）。所以，需要建立用户账户等。

❱❱1. 服务器端添加打印机

（1）在服务器端计算机上以 Administrator 用户身份登录 Win7 系统。为了实现通过网络访问共享打印机功能，需要在服务器及用户端计算机上分别创建 User1，并授权 User1 具有访问共享打印机权限（默认情况下，Everyone 组具有网络访问共享打印机"打印"权限）。由于创建用户的具体方法前面章节已介绍，在此略。

（2）单击"开始"菜单，单击"设备和打印机"选项，进入"设备和打印机"窗口，如图 4.7 所示。

（3）HP1010 打印机已通过 USB 端口连接到计算机，并通电启动。但是由于 Win7 系统没有 HP1010 驱动程序，故不能识别该设备。在"设备和打印机"窗口中，HP1010 打印机被放入"未指定"栏目中，需要用户加载打印机驱动程序，如图 4.8 所示。

（4）选择 HP1010 打印机，并单击鼠标右键，在弹出的菜单中，单击"属性"选项，进入"HP1010 打印机属性"窗口。

在"HP1010 打印机属性"窗口中，单击"硬件"选项，选择设备功能中的"DOT4 USB Printing Support"，单击"属性"按钮，进入"DOT4 USB Printing Support 属性"窗口，如图 4.9 所示。

（5）在"DOT4 USB Printing Support 属性"窗口中，选择"驱动程序"选项，单击"更新驱动程序…"，进入"更新驱动程序"窗口，如图 4.10 所示。

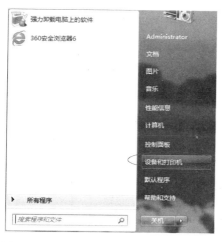

图 4.7　服务器端"设备和打印机"选项

图 4.8　未指定打印机

图 4.9　打印机属性

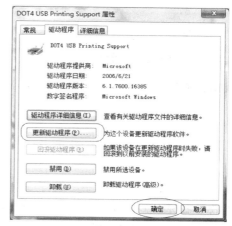

图 4.10　更新驱动程序

（6）在"更新驱动程序"窗口中，单击"手动查找并安装驱动程序软件"选项，如图 4.11 所示。

（7）单击"浏览"按钮，选择 HP1010 打印机驱动程序路径，单击"下一步"按钮，开始安装打印机驱动程序，如图 4.12 所示。出现图 4.13 所示的提示窗口后，单击"关闭"按钮。

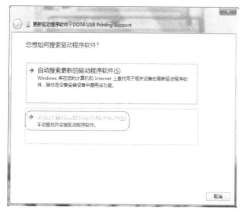

图 4.11　选择安装驱动程序方式

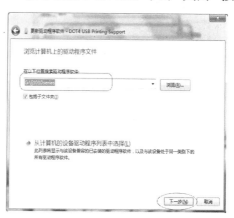

图 4.12　浏览驱动程序

（8）重新回到"设备和打印机"窗口，此时会发现在"打印机和传真"栏目中，出现 HP1010 打印机，如图 4.14 所示。

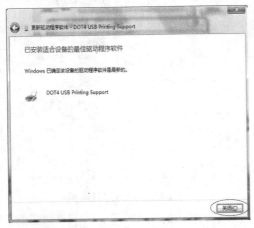

图 4.13　驱动程序安装完毕

图 4.14　显示安装后的打印机

◆2. 服务器端设置打印机共享

成功添加打印机后，就可以设置打印机共享功能，以便用户可以通过网络使用共享打印机。

（1）为了设置打印机共享功能，进入"设备和打印机"窗口，选择"HP1010"打印机并单击鼠标右键。在弹出的菜单中，单击"打印机属性"选项，进入"打印机属性"窗口。

在"打印机属性"窗口中，选择"共享"选项。选中"共享这台打印机"复选按钮并输入共享名称，如图 4.15 所示。完成后单击"确认"按钮。

（2）在"打印机属性"窗口中，选择"安全"选项。设置访问共享打印机的用户及其权限。Win7 系统默认 Everyone 组具有允许"打印"权限，由于任何用户都属于 Everyone 组，故所有用户都可以访问打印机，另外也可以添加其他用户或修改用户权限，如图 4.16 所示。

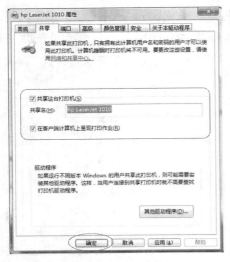

图 4.15　设置打印机共享属性

图 4.16　设置用户访问打印机权限

至此，服务器端打印机设置全部完成。

3. 用户端配置网络打印机

首先，在用户端计算机上以 Administrator 身份登录，创建与服务器端相同的用户账户（如 User1 等）。然后切换用户至 User1 登录，添加网络打印机并测试网络打印机功能。

（1）创建用户账户 User1，在服务器端与客户端计算机上创建的账户名称、密码等参数必须相同。创建方法及过程前面已经介绍过了，在此略。

（2）切换用户至 User1 登录，单击"开始"菜单，选择"切换用户"。输入用户名称及密码。

（3）User1 登录后，单击"开始"菜单，单击"设备和打印机"选项，进入"设备和打印机"窗口，如图 4.17 所示。

（4）在"设备和打印机"窗口中，单击"添加打印机"按钮，进入"添加打印机"窗口，如图 4.18 所示。

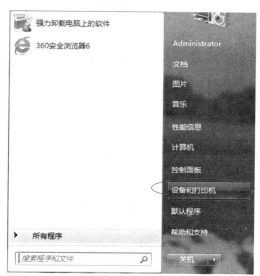

图 4.17 用户端选择设备和打印机

图 4.18 添加打印机

（5）在"添加打印机"窗口中，单击"添加网络、无线或 Bluetooth 打印机"选项，然后单击"下一步"按钮，如图 4.19 所示。

（6）在"选择打印机"列表框中选择你连接的网络打印机，如图 4.20 所示。单击"下一步"按钮。如果列表框中没有你连接的打印机，需要单击"我需要的打印机不在列表中"选项，搜索你的打印机。

（7）如果系统显示图 4.21 中出现的提示，表明已成功安装网络打印机了，单击"下一步"按钮。

（8）在接下来出现的提示窗口中，可以单击"打印测试页"按钮，测试打印机功能。单击"完成"按钮，完成网络打印机安装过程，如图 4.22 所示。完成网络打印机安装后，在客户端计算机上的"设备和打印机"窗口中，将能够查看到你所安装的网络打印机。

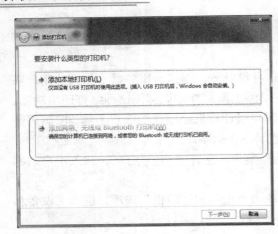

图 4.19　选择网络打印机

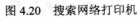

图 4.20　搜索网络打印机

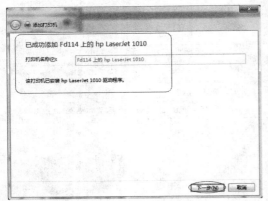

图 4.21　成功添加网络打印机

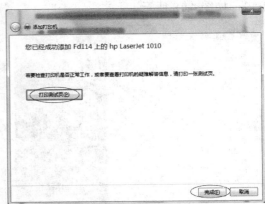

图 4.22　测试打印机功能

练习题

1．选择题

（1）计算机通过传统电话线传输数据信号，需要提供（　　　）。

　　A．调制解调器　　　　B．RJ45 转换头　　　　　C．中继器　　　　　D．集线器

（2）目前，计算机网络的远程通信通常采用（　　）方式。

　　A．基带传输　　　　　B．频带传输　　　　　　C．宽带传输　　　　D．数字传输

（3）在通信方式中，有单工、半双工、双工三种方式，其中半双工通信方式是指（　　）传输。

　　A．只能一个方向　　　　　　　　　　B．两个方向但同时只能一个方向

　　C．任何时候都可以双向　　　　　　　D．既可以一个方向又可以两个方向

（4）在传输过程中，对信号进行调制是为了达到（　　）的目的。

　　A．提高传输速率　　　B．适应介质特性　　　C．提高可靠性　　　D．数据加密

（5）下面（　　）是物理层设备。

　　A．集线器　　　　　　B．交换机　　　　　　C．路由器　　　　　D．防火墙

2．简答题

（1）描述基带传输的特性及其应用场所。

（2）描述频带传输的特性及其应用场所。

（3）举例说明集线器的特点及应用。

3．实践题

（1）编写办公室网络施工总结报告（项目说明、施工时间、人员构成、实施过程、遇到问题及解决方法等）。

（2）编写宿舍网络方案（背景描述、接线图、主要网络参数、需要材料等）。

第5章

构建交换局域网——数据链路层

本章导入

通过前面的学习，我们了解到利用集线器所构建的共享局域网，具有实现简单、实用性强、性价比高的特点，并且适合于小型办公室局域网（主机在几台至几十台）。

当网络规模比较大（主机在几十台至几百台，甚至几千台）时，由于集线器所有端口都在一个广播域、一个冲突域内，随着主机数量增多，广播域及冲突域范围扩大，网络效率急剧降低。为了保证网络正常运行，需要构建以交换机为核心的交换局域网。

5.1 提出问题

利用集线器构建共享局域网，所有主机在一个共同的广播域、冲突域中，一台主机发送数据，同一时刻其他主机只能接收；一台主机发送广播报文，其他所有主机都会接收到这个广播报文。随着主机数量增多，网络传输效率降低，安全性差，严重影响网络安全可靠运行。

为了解决此问题，需要解决广播域、冲突域过大问题。所以采用以交换机为核心构建交换局域网是一个很好的解决方案。

5.2 工作任务

本章节中，通过学习将完成如下工作任务：
（1）描述数据帧结构；
（2）描述 VLAN 工作原理与特性；
（3）描述交换机工作原理；
（4）构建小型办公室局域网，实现部门办公室网上信息化管理。

5.3 预备知识

5.3.1 数据链路概述

1. 为什么要设计数据链路层

设计数据链路层主要从以下几个方面考虑：

（1）解决物理线路信号衰减及干扰问题。数据信号在物理线路上传输时由于信号衰减、外界干扰，使得数据信号不能正确地传输到对方。需要在发送方和接收方之间通过配置数据链路层协议，实施传输数据错误检测、纠错等措施，保证数据链路层数据能够可靠地传输。但现如今，物理线路的质量已经显著提高，基本上能够保证数据传输的可靠性。数据链路层过去使用的检错、纠错等措施（如帧编号、确认和重传机制等）已不再使用了，从而简化了数据链路层的处理过程，提高了通信效率。

（2）解决收发双方速率不匹配问题。由于收发双方的接收和发送速率不匹配，常常会引发数据的丢失问题。

在物理线路基础上，通过在收发双方配置相应的数据链路层传输协议，对传输线路进行控制（如停止等待协议和滑动窗口机制等），实现在数据链路层能够可靠地传输数据。而现在这些功能都已被放到传输层处理，数据链路层不再考虑停止等待协议和滑动窗口机制等。

（3）将数据封装成帧，在链路上结点间透明地传输数据。数据帧在共享网络中标识发送主机和接收主机的地址。除此之外，数据帧还标识帧的起始位置和结束位置。

下面就数据链路层的相关知识进行介绍。

▶2．链路的定义

"链路"一词在网络中经常被使用，所谓链路就是指从一个结点到相邻结点的一段物理线路，中间没有其他任何的交换结点。从这种意义上讲，链路一般是指物理线路，如图 5.1 所示。

▶3．数据链路的定义

数据链路则是另外一个概念。在链路（物理线路）基础上，添加为了正确传输数据而使用的通信协议，我们将附加有实现这些协议的硬件和软件的链路称为数据链路。常见的网卡就是实现传输数据通信协议的硬件和软件，故通过网卡可以建立一条数据链路实现计算机间的数据传输，如图 5.1 所示。

图 5.1　物理线路与数据链路

▶4．数据传输过程

在图 5.1 中，计算机 H1 通过路由器 R1、R2 实现与计算机 H2 的通信。在这个过程中由三条物理线路及数据链路构成计算机间通信通道。物理线路可以有不同类型，如双绞线、同轴电缆、光纤、无线等。通信协议依据通信方式不同也不相同。常见的通信协议有 Ethernet 协议、PPP 协议、HDLC 协议、帧中继等。

计算机数据是如何从计算机 H1 传输到计算机 H2 的呢？计算机 H1 中的数据从应用

层进入，经过传输层、网络层、链路层最终到达物理层。经过数据链路 1 进入到路由器 R1 的物理层，再经过链路层上传至网络层，在网络层查找路由表，确定下一跳地址后，重新回到物理层。通过数据链路 2，进入到路由器 R2。同理，数据被上传到网络层，查找到下一跳地址后，重新回到物理层。通过数据链路 3 进入到计算机 H2 物理层，经过链路层、网络层、传输层最终到达应用层，实现一次成功的数据传输，如图 5.2 所示。

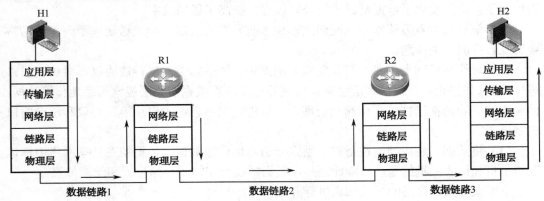

图 5.2　数据从计算机 H1 传输到计算机 H2 的过程

5.3.2　数据帧概述

数据链路层要完成预先设定的目标，即在不可靠的物理线路上实现正确的传输数据。必须解决数据帧封装问题、透明传输问题及差错检测问题。下面就这三个问题分别进行介绍。

➤ 1．数据帧封装与拆封

数据帧是指链路层从网络层接收的数据包作为链路层数据，并在此数据的前面和后面分别添加首部和尾部，形成一个完整的数据结构，我们将这个数据结构称为数据帧，通常将这个形成数据帧的过程叫做数据帧封装，如图 5.3 所示。

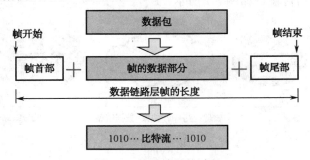

图 5.3　数据帧封装过程

数据帧的首部和尾部包含许多必要的控制信息，用于识别帧的位置、长度和错误等。各种不同的链路层协议对数据帧的格式要求不同，具体可参照协议说明。

当发送数据时，需要将网络层数据包封装成数据帧，然后发送至物理层转换成比特流，如图 5.3 所示；当接收数据时，从物理层接收比特流后，根据首部和尾部的标记，识别出数据帧的开始和结束。接收数据帧后，去除首部和尾部，将数据部分上交至网络层处理，这一过程称之为数据帧拆封过程，如图 5.4 所示。

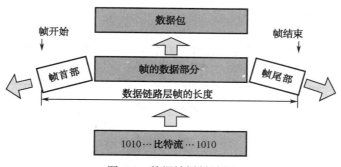

图 5.4　数据帧拆封过程

▶2．透明传输

前面已经介绍了当接收到一个数据帧时需要识别数据帧的开始位置和结束位置，以便对数据帧进行处理。那如何来界定数据帧的开始位置和结束位置呢？我们可以使用特殊控制字符来标识数据帧的开始和结束。将控制字符 SOH（Start Of Header，编码为 01H）放置在数据帧的最前面，表示从帧的首部开始。将控制字符 EOT（End Of Transmission，编码为 04H）放置在数据帧最后面，表示在帧的尾部结束，如图 5.5 所示。

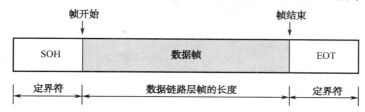

图 5.5　数据帧的界定符

在数据帧中不可以出现与定界符一样的代码，否则就会出现对定界符错误的判断。如果数据帧中碰巧出现了定界符代码，那么数据链路层必须解决这个问题，保证数据帧正确传输到接收方。如果数据链路层协议允许所传输的数据可以是任何代码，那么这样的传输称为透明传输。

▶3．数据帧检错

现实的通信线路不会是理想的链路。也就是说，比特信号在传输过程中可能会因为信号衰减、外界干扰等原因产生差错，比如 1 可能会变成 0，0 也可能会变成 1。通常将这种差错称作比特差错。为了保证数据传输的可靠性，在计算机网络传输数据时，必须采用各种差错检测措施。常用的差错检测措施是使用循环冗余检测 CRC（Cyclic Redundancy Check）检测技术。关于循环冗余检测 CRC 检测技术的工作原理请参考相关资料。

发送端在发送数据帧之前，通过循环冗余检测 CRC 检测技术对要发送的数据进行计算，形成一个冗余码，这个冗余码也称为帧检验序列 FCS（Frame Check Sequence），将这个冗余码添加到帧尾部，如图 5.6 所示。

接收端把接收到的数据以帧为单位进行 CRC 检验计算。根据检验结果可以判断数据在传输过程中是否有差错。

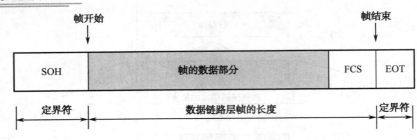

图 5.6　数据帧的冗余码

5.3.3　PPP 协议

PPP 协议是点对点协议，应用于点对点数据链路，比如用户通过 ISP 接入 Internet 时，用户到 ISP 间的数据链路就常常使用到 PPP 协议，如图 5.7 所示。在路由器与路由器之间连接也可以配置 PPP 协议，如图 5.8 所示。

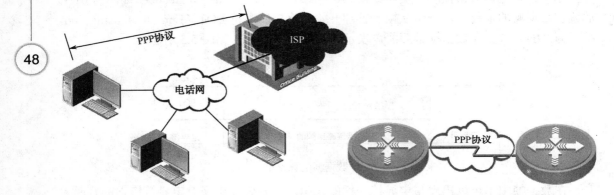

图 5.7　用户到 ISP 链路使用 PPP 协议　　图 5.8　路由器到路由器使用 PPP 协议

但是在前几年，由于通信线路质量较差，需要在数据链路层使用可靠的传输协议，于是能实现可靠传输的高级数据链路控制 HDLC（High-level Data Link Control）就成为当时比较流行的数据链路层协议。但现在 HDLC 已很少使用了。对于点对点的链路，点对点协议 PPP（Point-to-Point Protocol）因其简单、实用等特点成为目前使用最广泛的数据链路层协议。

1. PPP 协议概述

PPP 协议是 IETF（Internet Engineering Task Force，Internet 工程任务组）在 1992 年制定的。经过 1993 年和 1994 年修订，现在已成为 Internet 正式标准。PPP 协议具有如下特点：

（1）简单。接收方每收到一个帧，就进行 CRC 检验，如果 CRC 检验正确，就收下这个帧；反之就丢弃这个帧。

（2）支持多种网络层协议。在同一物理链路上同时支持多种网络层协议（如 IP 和 IPX 等）。

（3）支持多种类型链路。支持串行、并行、同步、异步等多种类型链路。

（4）支持网络层地址协商。支持网络层通过协商知道或能够配置彼此的网络层地址。

（5）支持压缩协商。支持通过协商确定数据压缩算法。

（6）只支持全双工链路。

（7）差错检测。PPP 协议能够对接收端收到的数据帧进程检测，如果有错立刻丢弃出现差错的帧。

（8）最大传输单元。PPP 协议设置最大传输单元 MTU（Maximum Transmission Unit），保证正常传输。PPP 的 MTU 默认值为 1500 字节。

PPP 协议包含三部分内容。

（1）将 IP 数据包封装到串行链路的方法。PPP 既支持异步链路也支持同步链路。

（2）用来建立、配置和测试数据链路连接的链路控制协议 LCP（Link Control Protocol）。

（3）网络控制协议 NCP（Network Control Protocol），其中的每一个协议支持不同的网络层协议，如 IP、IPX、DECnet、AppleTalkd 等。

▶ 2. PPP 协议帧格式

PPP 协议的帧格式如图 5.9 所示。PPP 协议帧中首部由 3 个字段构成，尾部由 1 个字段构成。具体说明如下：

首部前面是 1 个字节的定界符，固定值为 7EH（01111110B），表示帧的开始。

（1）首部构成

第 1 个字段：地址字段，固定值为 FFH（11111111B），没有使用。

第 2 个字段：控制字段，固定值为 03H（00000011B），没有使用。

第 3 个字段：协议字段，2 个字节。表示网络层协议类型。当协议字段为 0021H 时，表示数据字段信息为 IP 数据包；当协议字段为 C021H 时，表示数据字段信息为 PPP 链路控制协议的 LCP 的数据；当协议字段为 8021 时，表示数据字段信息为网络层的控制数据。

（2）数据部分。数据部分的长度是可变的，最大长度为 1500 字节。

（3）尾部

第 1 个字段：CRC 检验的冗余码 FCS，2 个字节。

在冗余码后面是 1 个字节的定界符，固定值为 7EH（01111110B），表示帧的结束。

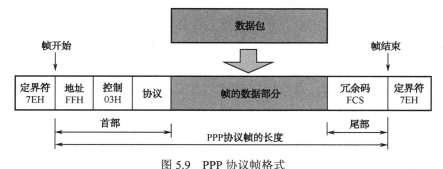

图 5.9　PPP 协议帧格式

▶ 3. PPP 协议工作过程

PPP 协议工作过程经历链路断开、物理链路建立、LCP 配置协商、身份验证、NCP 配置协商，直到链路开始传输数据等工作几个阶段，如图 5.10 所示。

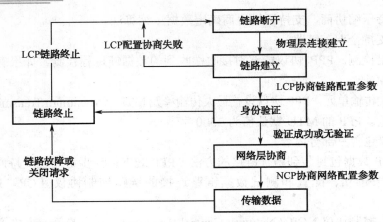

图 5.10 PPP 协议工作过程

（1）链路断开

最初链路处于无载波的链路断开状态。当用户端计算机通过拨号接入 ISP 时，ISP 端路由器检测到用户端调制解调器发出的载波信号，双方建立物理链路，随后进入到链路建立状态，开始 LCP 配置协商参数。

（2）链路建立

在 LCP 协商阶段，链路一端发送 LCP 的配置请求帧，链路另一端根据情况回送响应帧，响应帧可能是配置确认帧、配置否认帧、配置拒绝帧之一。LCP 协商的内容包括最大帧长度、是否有验证及验证方式等。双方协商完成后就建立 LCP 链路，如果有验证，接着就进入验证状态，否则直接进入网络层协商。

（3）身份验证

在验证阶段，根据 LCP 协商的验证方式，进行身份验证。验证方式可以是口令鉴别协议 PAP（Password Authentication Protocol）验证，也可以是挑战握手鉴别协议 CHAP（Challenge-Handshake Authentication Protocol）。验证通过则进入网络层配置协商阶段，否则进入链路终止阶段。

（4）网络层协商

在网络层协商阶段，NCP 协商双方使用何种网络层协议、IP 地址等参数。当网络层协商及配置完成后，链路就进入链路工作状态，就可以开始数据通信了。

（5）链路工作

当链路进入数据通信的工作状态后，开始正常传输数据。数据传输接收后，一端发出终止请求 LCP 报文请求终止链路连接。另一端在收到终止请求 LCP 报文后，进入链路终止阶段，当链路无载波时，链路断开。

5.3.4 以太网标准

我们接触的多数网络都是以太网（Ethernet）。以太网因其结构简单、传输可靠等特点而被广泛使用。

❱ 1. 以太网概述

以太网是美国施乐（Xerox）公司的研究中心于 1975 年研制成功的一种网络形式。

该网络是一种基带总线局域网，如图 5.11 所示。以太网用无源电缆作为总线介质来传输数据帧，并以曾经在历史上表示传播电磁波的以太（Ether）命名。1980 年 DEC 公司、英特尔（Intel）公司和施乐公司联合提出了 10Mb/s 的以太网标准 DIX V1。1982 年又修订为第 2 版 DIX Ethernet V2，成为世界上第一个局域网产品标准。在此基础上，美国电气及电子工程师学会（Institute of Electrical and Electronics Engineers，IEEE）的 IEEE802 委员会工作组于 1983 年制定了第一个 IEEE 以太网标准 802.3。两个标准只有一些很小的差别，人们常常将两种标准构成的网络都称为"以太网"。但严格地讲只有 DIX Ethernet V2 标准的局域网才称为"以太网"。

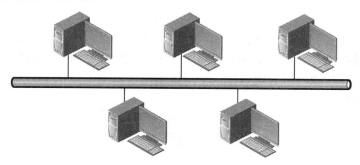

图 5.11　以太网的结构

那么，在以太网中，主机之间的数据是如何在一个基带总线介质上实现传递的呢？解决好这个问题，对于以太网能否正常工作非常重要。为了合理利用共享介质通道，避免数据冲突，采用了 CSMA/CD 协议。

❯❯ 2. CSMA/CD 协议

CSMA/CD（Carrier Sense Multiple Access/Collision Detected）为载波侦听多路访问/冲突检测，是以太网使用的网络协议。

载波侦听（Carrier Sense）是指网络上各个设备在发送数据前都要侦听总线上有没有数据传输。若有数据传输（称总线为忙），则不发送数据；若无数据传输（称总线为空），则立即发送准备好的数据。

多路访问（Multiple Access）是指网络上所有设备共同使用同一条总线收发数据，且发送数据是广播式的。

冲突检测（Collision）是指若网络上有两个或两个以上的设备同时发送数据，在总线上就会产生信号的混合，也称数据冲突。产生数据冲突后，两台设备都计算出一个随机秒数，在此时间后再发数据帧。如果再产生冲突，重复此过程，最多可重复 15 次。设备在发送数据过程中还要不停地检测自己发送的数据，是否与其他设备的数据发生冲突，将这种行为称作冲突检测（Collision Detected）。

总之，CSMA/CD 协议可以简单描述为：先听后发，边发边听，冲突停止，随机延时后重发。

在以太网中需要解决的另一个重要问题就是冲突域问题。一个冲突域是指一个网络范围，在这个范围内同一时间内只能有一台设备能够发送数据，如果同时有两台以上设备发送数据将产生发送冲突。例如一个集线器是一个冲突域，由集线器充当网络互联设备的网络也是一个冲突域，如图 5.12 所示。

冲突域
冲突

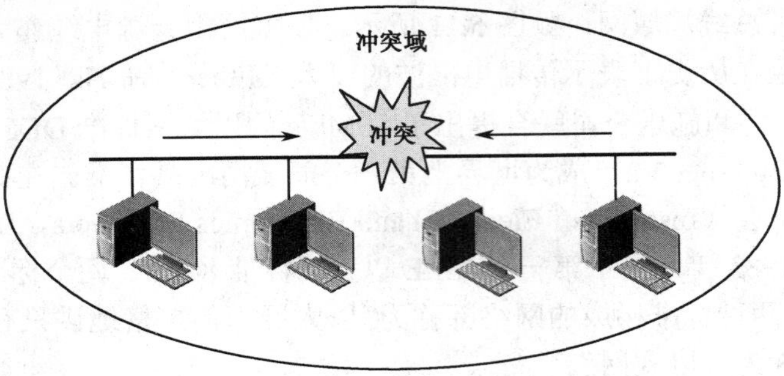

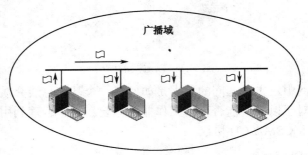

图 5.12 冲突域

在以太网中还要解决广播域范围的问题。广播域也是指一个网络范围，在这个范围内发送一个广播报文，区域内的所有设备都能收到这个广播报文。例如一个集线器连接的网络也是一个广播域，所有端口在一个广播域内，如图 5.13 所示。广播域范围过大，会使网络性能降低。

广播域

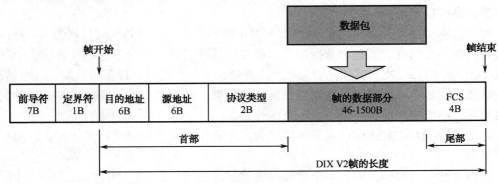

图 5.13 广播域

3. 以太网的帧格式

如前面所描述的那样，以太网执行两种标准，即 DIX Ethernet V2 标准及 IEEE Ethernet 802.3 标准，两者有很小差别。下面分别描述这两种标准的帧格式，通过帧格式可以清楚地知道两者差别在什么地方。

（1）DIX Ethernet V2 标准帧格式。DIX Ethernet V2 标准帧格式如图 5.14 所示。

数据包
帧开始
帧结束
前导符 7B
定界符 1B
目的地址 6B
源地址 6B
协议类型 2B
帧的数据部分 46-1500B
FCS 4B
首部
尾部
DIX V2帧的长度

图 5.14 DIX V2 帧格式

具体说明如下：

在帧开始前有 8 个字节插入信息，插入信息由两个字段构成，其中一个字段为 7 个字节的前导符，每个字节都是 1 和 0 交替，即 10101010bit。前导符使接收端的网络适配器在接收数据帧时能够迅速调试时钟频率，使它与发送端的时钟同步；另一个字段为定界符，1 个字节，值为 10101011bit。它的前六位与前导符一样，最后两位连续为 1 就是告诉接收端适配器："数据帧马上就到来了，请注意接收！"。

目的地址字段有 6 个字节，表示接收端地址。

源地址字段有 6 个字节，表示发送端地址。

协议类型字段有 2 个字节，表示网络层协议类型，如：协议类型为 8000H 表示网络层为 IP 协议；协议类型为 8137H 表示网络层为 IPX 协议等。

数据字段的范围是 46～1500 字节，表示网络层数据包。如何确定至少为 46 字节的呢？在以太网上主机从发送数据帧到检测到是否有冲突所需要的时间 T（以太网定义为 51.2μs），按照 10Mb/s 以太网计算，在 51.2μs 内可以发送 51.2μs *10Mbit/s=512bit=64 字节。故数据帧最小长度定义为 64 字节，小于 64 字节的帧认为是因冲突而停止传输的帧。在最小帧 64 字节中减掉 14 字节的首部和 4 字节的尾部，得到帧的数据字段长度为 46 字节。数据帧的最大长度 1500 字节是考虑到传输效率而确定的，因为最大传输单位 MTU 为 1500 字节。

DIX Ethernet V2 标准帧如何界定数据帧结束呢？如前所述，在曼彻斯特编码中的每一个码元（1 或 0）的正中间一定有一次电压的转换。当数据帧结束时，发送端不再发送码元了，即不发送 1 也不发送 0。因此，链路上信号不再变化。这样，接收端就可以很容易地找到以太网数据帧的结束位置。在这个位置往前 4 个字节（FCS 字段长度为 4 字节），就能确定数据字段的结束位置。

（2）IEEE Ethernet 802.3 标准帧格式。IEEE Ethernet 802.3 标准帧格式如图 5.15 所示。

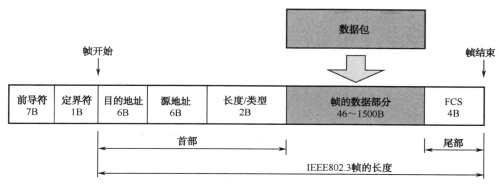

图 5.15　IEEE802.3 帧格式

从图 5.15 可以看出，IEEE Ethernet 802.3 标准帧格式与 DIX Ethernet V2 标准帧格式的唯一区别就是类型字段。

在 IEEE Ethernet 802.3 标准帧中，类型字段包含两方面内容：一是长度，表示帧的数据部分长度；另一个是类型，表示网络层协议类型，同 DIX Ethernet V2 标准帧。

当长度/类型字段值小于 0600H 时，该字段为长度字段，表示数据帧中数据部分的长度。由于以太网通过检查链路信号变化情况（无跳变的情况表示帧结束），已经能够确定帧的结束位置，进而可以计算出帧中数据部分的长度，故这个长度字段并无实际意义。

当长度/类型字段大于 0600H 时，该字段为类型字段，表示网络层协议类型，同 DIX Ethernet V2 标准帧格式的类型字段。

从以上分析情况来看，由于数据部分长度为 46～1500 字节，所以以太网数据帧的长度范围为 64～1518 字节。

4．MAC 地址

媒体访问控制 MAC（Media Access Control）地址是指固化在网络适配器（NIC）中的 48bit 全球唯一的地址，有时也称为物理地址。由于该地址固化在网络适配器的 ROM 存储器中，产品出厂时就已经编写完毕，用户使用过程中不能修改，能够唯一地标识网络适配器，进而标识主机位置。

MAC 地址格式如下：

MAC 地址的长度为 48bit，前 24bit 位为厂商标识符或机构标识符；后 24bit 位为产品序列号，如图 5.16 所示。

图 5.16　MAC 地址格式

例如，MAC 地址 00-60-2F-3A-07-BC，其中 00-60-2F 为厂家 Cisco 标识符，3A-07-BC 为此网卡序列号。

常见 MAC 地址的厂商标识符如表 5.1 所示。

表 5.1　部分 MAC 地址厂商标识符

标　识　符	厂　商	标　识　符	厂　商
00000C，00602F	Cisco	0020AF	3COM
000005E	IANA	0080C2	IEEE802.1
0000AA	Xerox	00AA00,009027	Intel
080099	HP	080020	Sun
08005A	IBM	00D0F8	锐捷

厂商需要向 IEEE 的注册管理组织机构申请唯一的标识符 OUI（Organizationally Unique Identifier），即 MAC 地址厂商标识符。

严格地讲，MAC 只是网络适配器的一个标识，并不能标识一个主机在网络中的具体位置。只能作为网络接口的一个标识。

5.3.5　PPPoE 协议

1．PPPoE 协议概述

目前比较流行的宽带接入方式 ADSL 使用一种 PPPoE 协议。PPPoE（Point-to-Point Protocol over Ethernet）协议是在以太网上的 PPP 协议，即该协议将 PPP 帧在以太网上再封装，延伸了 PPP 协议范围。PPPoE 协议将 PPP 协议与以太网结合起来，发挥了以太网快速简洁的优势及 PPP 的强大功能，使得多个以太网用户共享一条 ISP 宽带业务，如图 5.17 所示。与传统的接入方式相比，PPPoE 具有较高的性能价格比，管理方便等优势。

2．PPPoE 协议帧格式

PPPoE 协议完整的帧格式如图 5.18 所示。

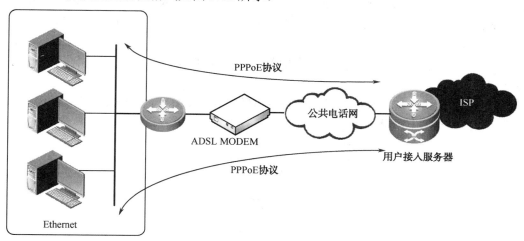

图 5.17　PPPoE 宽带接入 Internet

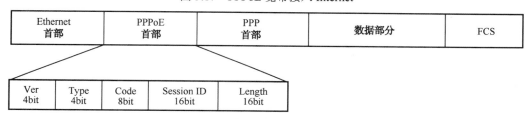

图 5.18　PPPoE 协议帧格式

其中各部分含义如下。

Ver 为 PPPoE 协议版本号。

Type 为 PPPoE 协议的工作状态，包括发现阶段和 PPP 会话阶段。当值为 0x8863 时表示处于发现阶段；当值为 0x8864 时表示处于 PPP 会话阶段。

Code 为 PPPoE 报文类型，具体可参看相关资料。

Session ID 为 PPPoE 协议会话 ID 号。

Length 为 PPPoE 协议的帧长度。

3．PPPoE 协议的工作过程

PPPoE 协议的工作过程分成两个阶段，即发现阶段（Discovery Stage）和 PPP 会话阶段。

1）发现阶段

（1）用户主机用广播的方式发出 PADI（PPPoE Active Discovery Initiation）包，准备去获得所有可连接的接入设备（接入服务器），并获得其 MAC 地址。

（2）接入设备（接入服务器）收到 PADI 包后，返回 PADO（PPPoE Active Discovery Offer）作为回应。

（3）如果有多个 ISP 用户接入设备的话，用户主机会从收到的多个 PADO 包中，根据其类型名或者服务名，选择一个合适的用户接入设备，然后发送 PADR（PPPoE Active Discovery Request）包。另外如果一个用户主机在发出 PADI 后在规定时间内没有收到 PADO，则会重发 PADI。

（4）用户接入设备收到 PADR 包后，返回 PAS（PPPoE Active Discovery Session-confirmation）包，其中包含了一个唯一的 Session ID，双方进入 PPP 会话阶段。

2）PPP 会话阶段

PPP 会话阶段是在 Session 建立后的通信阶段。PPP 会话阶段工作过程同前面介绍过的 PPP 工作过程，在此略。

另外，无论是用户主机还是接入设备均可随时发起 PADT 包，中止通信。使用 PPPoE 进行通信的整个过程如图 5.19 所示。

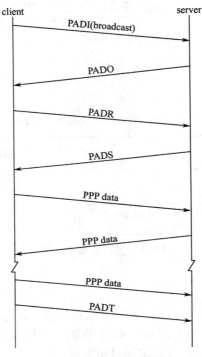

图 5.19　PPPoE 工作过程

5.3.6　网络设备

1．网卡

（1）网卡结构

网卡是经常使用的设备之一，起到将主机连接到网络的作用。网卡 NIC（Network Interface Card）的基本结构包括：数据缓存、帧的装配与拆卸、MAC 层协议控制电路、编码与解码器、收发电路、介质接口装置等六部分，如图 5.20 所示。

（2）网卡功能

网卡与局域网之间的通信是通过电缆或双绞线以串行方式进行的，而网卡与计算机之间的通信则是通过计算机主板上的 IO 总线以并行方式进行的。因此，网卡的一个重要功能就是要进行串行传输和并行传输之间的转换。由于网络上的传输速率与计算机内部总线的传输速率相差较大，所以网卡在中间起到数据缓存作用。网卡在数据传输过程中还要对数据进行帧的封装与拆封等操作。总之，网卡在计算机与网络之间实现数据的发送与接收、帧的封装与拆封、编码与解码、数据缓存和介质访问控制等功能。

图 5.20　网卡的基本结构

▶2．网桥

网桥是工作在数据链路层的一种网络互联设备（2～4 个端口），可实现两个或多个局域网的链路层互联，如图 5.21 所示。通过网桥将网段 1 及网段 2 连接起来，实现链路层互通。

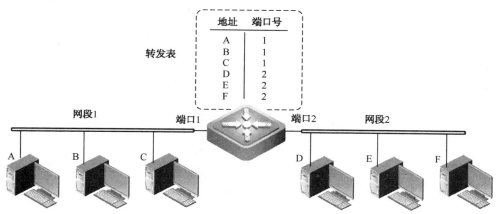

图 5.21　网桥工作原理

网桥内有一个转发表，转发表中每一项包含一个地址及端口号。地址是连接网桥上的主机网卡 MAC 地址；端口号是该地址的主机连接到网桥上的端口编号，如：MAC 地址为 A 的主机连接到网桥端口 1 上，则转发表中记录项内容为：地址是 A，端口号是 1。

通过转发表可以从某端口找到相应主机。比如，从上述转发表获知，通过端口 1 能够到达主机 A。

网桥工作过程如下。

1）对单播帧的工作过程

（1）学习地址

网桥转发表的建立对于发挥网桥的作用非常重要。当网桥刚刚启动时，转发表内容是空的，没有任何记录。当主机 A 向主机 B 发送数据帧时，网桥从端口 1 收到这个帧，读取源 MAC 地址，由于转发表中无此条记录，将地址为 A，端口号为 1 的记录添加到转发表中。同理，也会将其他主机记录添加到转发表中，这个过程称为学习地址。

（2）数据转发

网桥收到一个数据帧时，读取目的 MAC 地址，查询转发表。如果转发表中有记录，则按记录内容指向转发；如果转发表中无该记录，则向除接收端口以外的所有端口转发，将这种行为称作泛洪。

（3）数据过滤

网桥收到一个数据帧时，读取源 MAC 地址及目的 MAC 地址，查询转发表。当发现源 MAC 地址及目的 MAC 地址对应于相同端口号，表明发送主机与接收主机在同一个网段内，则网桥不转发该帧，实现数据过滤功能。如：主机 A 发送数据帧到主机 B 时，网桥收到数据帧，通过取出帧的源地址和目的地址，查看转发表后发现他们都接到端口 1，此时不再进行转发。

2）对广播帧的工作过程

网桥收到一个数据帧时，发现该帧的目的 MAC 地址是广播地址时，网桥也做广播处理。

3）网桥功能

在网络中通过网桥，可以实现如下功能。

（1）物理上扩展网络。网桥可以在物理上将多个网段互联在一起，从而扩大了网络的地理覆盖范围和规模。具有同中继器、集线器同样的功能。

（2）逻辑上划分不同的冲突域。通过对帧的过滤，网桥实现了物理网络内部通信的相互隔离，同一网段处于一个冲突域。

（3）数据缓存。网桥通过内部缓冲区对欲转发的数据帧进行缓存，可以实现与局域网匹配的速率发送。

（4）帧格式转换。网桥可以连接不同链路层协议的网络（比如，一端是以太网，另一端是 PPP 网络），可以将一种帧格式转换为另一种帧格式。

4）应用实例

某网络由网桥 B1 和 B2 连接起来。每个网桥都有两个接口（1 和 2），如图 5.22 所示。起初两个网桥的 MAC 地址表是空的。随后各主机开始发送数据帧：A 发送给 E，C 发送给 B，D 发送给 C，B 发送给 A。根据网桥工作原理，按照主机发送顺序，填写表 5.2。

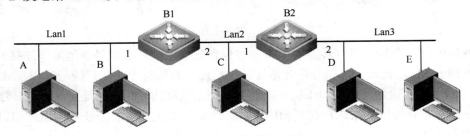

图 5.22　网桥应用实例

表 5.2　网桥处理过程

发送的帧	B1 转发表		B2 转发表		B1 的处理 学习、转发、丢弃	B2 的处理 学习、转发、丢弃
	MAC 地址	接口号	MAC 地址	接口号		
A→E	A	1	A	1	学习，转发	学习，转发
C→B	C	2	C	1	学习，转发	学习，转发

发送的帧	B1 转发表		B2 转发表		B1 的处理 学习、转发、丢弃	B2 的处理 学习、转发、丢弃
	MAC 地址	接口号	MAC 地址	接口号		
D→C	D	2	D	2	学习，丢弃	学习，转发
B→A	B	1			学习，丢弃	接收不到这个帧

3. 交换机

交换机是多端口的网桥。通过在其内部配备大容量的交换式背板实现了数据的高速交换。

网桥与交换机比较如下：

（1）交换机具备了网桥的所有功能；

（2）交换机配备了高密度的连接端口；

（3）交换机采用了基于交换背板的虚电路连接方式，可为每个交换端口提供更高的专用带宽，而网桥在数据流量大时容易造成瓶颈效应；

（4）交换机的数据转发是基于硬件实现的，而网桥是采用软件实现数据的存储转发，交换机交换的速度更快。

5.3.7 VLAN 技术

1. VLAN 概述

VLAN 是虚拟局域网（Virtual Local Area Network）的简称，它是在一个物理网络上划分的逻辑网络。可按照功能、部门及应用等因素划分逻辑工作组，形成不同的虚拟网络。

使用 VLAN 技术的目的是将原本一个广播域网络划分逻辑广播域。一个 VLAN 是一个广播域，第二层的单播、广播和多播帧在同一 VLAN 内转发、扩散，而不会直接进入其他 VLAN 之中，提高了交换机的运行效率。处于不同 VLAN 内的主机间相互通信，则必须通过一个路由器或者三层交换机，如图 5.23 所示。关于路由器及三层交换机的工作原理在后续章节将会介绍。

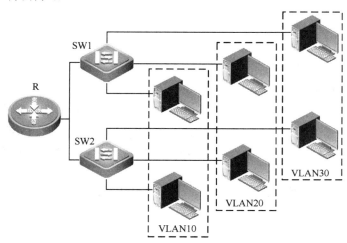

图 5.23　VLAN 示意图

VLAN 划分方法有很多，如基于端口的划分、基于协议的划分、基于 MAC 地址的划分等，目前主流应用的是基于端口的划分，因为划分方式简单易用。

VLAN 建立在局域网交换机的基础上，既保持了局域网的低延迟、高吞吐量特点，又解决了由于单个广播域内广播包过多而影响网络性能降低的问题。VLAN 技术是局域网组网时经常使用的主要技术之一。

▶ 2．VLAN 数据帧格式

1988 年 IEEE 制定了 802.3ac 标准，定义了以太网 VLAN 数据帧格式，是对以太网帧格式的扩展。以太网 VLAN 数据帧格式是在以太网帧格式中插入 4 个字节的标识符，用来指明发送该帧的主机属于哪个 VLAN，如图 5.24 所示。

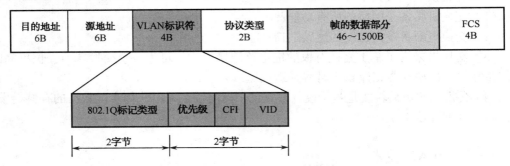

图 5.24　以太网 VLAN 帧格式

VLAN 标识字段长度是 4 字节，插入在以太网数据帧的源地址字段和类型字段之间。VLAN 标识符的前两个字节的总值是设置为 8100H，表示该帧为 802.1Q 标准帧。当数据链路层检测到 MAC 帧的源地址字段后面的两个字节的值是 8100H 时，就知道插入了 4 个字节的 VLAN 标识符了。在后面 2 个字节中，前 3bit 是用户优先级字段。接着 1bit 是规范格式标识符 CFI（Canonical Format Indicator），CFI 表示规范格式。最后 12bit 是 VLAN 标识 VID，标识此帧属于哪个 VLAN。12bit 可取值范围是 1～4095，规定全 1 位不用，故 VLAN 编号范围是 1～4094。

网桥接收到数据帧时，通过读取 VID 后，判断发送主机与接收主机是否在一个 VLAN 中，如果在一个 VLAN 则转发，否则拒绝转发。

▶ 3．VLAN 的功能

VLAN 的主要功能如下。

（1）控制广播流量

用一个交换机组成网络，默认状态下所有交换机端口都在一个广播域内。采用 VLAN 技术，可将某个（或某些）交换机端口划到一个 VLAN 内，在同一个 VLAN 内的端口处于相同广播域内。每个 VLAN 都是一个独立的广播域。VLAN 技术可以控制广播域的大小。

（2）简化网络管理

当 VLAN 中的用户物理位置变动时，不需要重新布线、配置和调试，从而减轻了网络管理员在移动、添加和修改用户时的开销。

（3）提高网络安全性

不同 VLAN 的用户未经许可是不能相互访问的。将重要资源放在一个安全的 VLAN

内，限制用户访问。通过在三层设备设置安全访问策略可以允许合法用户访问，限制非法用户访问。

（4）提高设备利用率

每一个 VLAN 可以相当于一个集线器设备，可以形成一个逻辑网段。通过交换机合理划分不同的 VLAN，将不同的应用放在不同的 VLAN 内，实现在一个物理平台上运行多种相互之间要求相对独立的应用，而且各应用之间不会相互影响。

5.4　应用实践

5.4.1　背景描述

小刘接到星空科技公司客户的请求，为客户做技术支持。客户请求小刘帮助星空科技公司在沈阳新成立的办事处办公室接入 Internet。由于办事处是刚刚设立的部门，办公室只有一台计算机和一部电话。办事处可以通过电信部门申请到 ADSL 宽带线路，实现小型办公室局域网通过 ADSL 接入方式访问 Internet 网络，如图 5.25 所示。

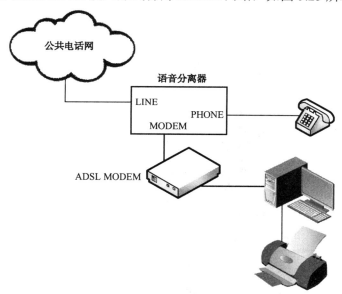

图 5.25　计算机通过 ADSL 接入 Internet

5.4.2　设备安装

通过 ADSL 方式将一台计算机接入 Internet，除计算机外还需要一台 ADSL 调试解调器及一个语言分离器。设备安装时，先将安装语言分离器按如图 5.25 所示接线。计算机安装 Win7 操作系统。

▶1.　语言分离器

将电信入户的电话线连接到语言分离器的 LINE 端。然后用一条电话线将语言分离器的 MODEM 端与 ADSL MODEM 的 LINE 端连接。语言分离器的 PHONE 端用于连接电话机。

▶ 2. ADSL 调制解调器

ADSL MODEM 的 LINE 端与语言分离器的 LINE 端连接完成后，将 ADSL MODEM 的 LAN 端通过双绞线连接至路由器的 WAN 端口。在家庭或小型办公室一般采用无线路由器，可以允许主机通过无线网卡以无线方式接入 Internet，无线路由器具有价格便宜、使用方便等特点。也可以直接将主机直接连接到 ADSL MODEM 的 LAN 端，直接将主机通过 ADSL MODEM 接入到 Internet。

5.4.3 主机配置

为了将主机通过 ADSL 方式接入 Internet，需要在主机端进行必要的参数配置，具体配置如下。

（1）单击 Windows "开始"菜单，单击"控制面板"选项，进入"控制面板"窗口，如图 5.26 所示。

（2）在"控制面板"窗口中，单击"网络和 Internet"选项，进入"网络和 Internet"窗口，如图 5.27 所示。

图 5.26　进入"控制面板"　　　　　图 5.27　选择"网络和 Internet"

（3）在"网络和 Internet"窗口中，单击"网络和共享中心"选项，进入"网络和共享中心"窗口，如图 5.28 所示。

（4）在"网络和共享中心"窗口中，单击"设置新的连接或网络"选项，进入"设置新的连接或网络"窗口，如图 5.29 所示。

（5）在"设置新的连接或网络"窗口中，单击"连接到 Internet"选项，进入"连接到 Internet"窗口，如图 5.30 所示。

（6）在"连接到 Internet"窗口中，单击"宽带（PPPoE）"选项，进入"宽带（PPPoE）"参数配置窗口，如图 5.31 所示。

（7）在"宽带（PPPoE）"参数配置窗口中，配置 ADSL 参数，输入用户名和密码等其他参数后，单击"连接"按钮，如图 5.32 所示。

图 5.28　选择"网络和共享中心"

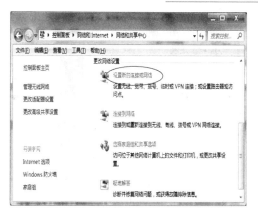

图 5.29　创建网络连接

图 5.30　选择"连接到 Internet"

图 5.31　选择"宽带（PPPoE）"连接方式

图 5.32　配置 ADSL 参数

至此，完成了 ADSL 连接方式的主机参数配置。以后通过启动 ADSL 连接，输入用户名和密码就可以连接到 Internet 了。

练习题

1. 选择题

（1）网络接口卡（NIC）位于 OSI 模型的（   ）。

    A. 数据链路层　　　　B. 物理层　　　　　　C. 传输层　　　　　　D. 网络层

（2）数据链路层中通过（   ）标识不同的主机。

    A. 物理地址　　　　　B. 交换机端口号　　　C. 逻辑地址　　　　　D. IP 地址

（3）在下面列出的设备中，（   ）是链路层设备。

    A. 集线器　　　　　　B. 交换机　　　　　　C. 路由器　　　　　　D. 防火墙

（4）下列（   ）不是数据链路层的功能。

    A. 封装帧　　　　　　　　　　　　　　　B. 检测传输差错

    C. 标识主机物理地址　　　　　　　　　　D. 寻址最佳路径

（5）MAC 地址是由厂商标识和产品编号构成，长度为（   ）比特。

    A. 12　　　　　　　　B. 24　　　　　　　　C. 48　　　　　　　　D. 96

2. 简答题

（1）数据链路层主要实现哪些功能？

（2）描述 PPP 协议的特点及帧格式。

（3）描述以太网的特点及帧格式。

（4）网卡的功能是什么？

（5）描述交换机工作原理。

3. 实践题

（1）记录你使用的计算机网卡参数。

（2）认识交换机外形结构，使用交换机组建一个局域网。

第 6 章

网络互联——网络层

➡ 本章导入

局域网（LAN）能够在本单位内部将计算机及服务器连接起来，实现本单位内部资源共享、相互通信。局域网具有传输速度快、可靠性高、容易管理、网络类型单一等特点。网络若想真正发挥效能，必须将不同地点、不同类型、不同速率的局域网都连接起来，使它们能够相互通信、共享网络资源。比如，目前 Internet 就是将成千上万的局域网连接在一起，达到互联、互通的目的。

但是将不同类型、不同速率、不同结构的网络连接在一起时，便会遇到一些难以解决的问题，如：异构网互联问题、互联中主机寻址问题、最佳路径选择问题等。

为了解决上述网络问题，在物理层、链路层的基础上设计了网络层。通过网络层协议能够很好地解决异构网络互联、逻辑地址及路由选择等问题。

⬜ 6.1　提出问题

在某企业网络建设中，企业网络由公司总部及分公司网络构成。公司总部由若干部门及服务器群构成，采用以太网技术实现；分公司又由若干部门构成，并采用无线网络技术实现。总部与分公司间通过专线 PPP 协议点对点连接。具体网络拓扑如图 6.1 所示。

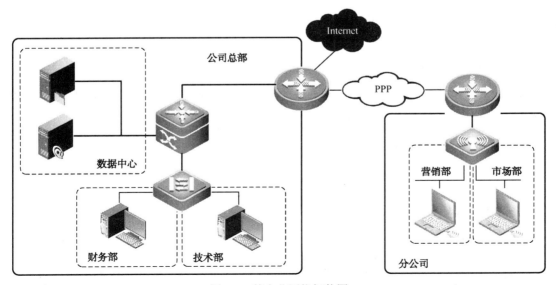

图 6.1　某企业网络拓扑图

6.2　工作任务

在本章节中，通过学习将完成如下工作任务：

（1）描述异构网络互联机制；

（2）描述 IP 地址特性；

（3）描述 IP 协议及 ARP 协议；

（4）构建小型办公区域局域网络，实现部门办公区域网上信息化管理。

6.3　预备知识

6.3.1　为什么设计网络层

网络层主要解决以下几方面问题：

▶1．异构网络互联问题

在互联网络中，发送报文主机及接收报文主机往往不在一种网络系统中，并且中间可能还通过若干个其他类型网络。如果要实现网络资源共享及互相通信，必须要解决异构网络互联问题。

▶2．跨越互联网络的主机寻址问题

前面已经描述过数据链路层以物理地址来标识网络中的主机地址。以太网通过共享方式或通过网桥、交换机泛洪的方式实现寻找目的主机。当网络规模比较小（如局域网）时可以实现，但是当网络规模很大（互联网环境，很多局域网）时，大量的泛洪报文将导致网络性能下降甚至瘫痪。有必要提供一种包含网络及主机所在位置的结构化地址，以满足跨越网络的主机寻址需要。

▶3．网络最佳路径选择问题

数据链路层只能将数据以"帧"的形式从一个主机发送到位于同一物理网络中的其他相邻主机。如果源主机到目标主机存在多个网络路径，则需要选择一条最佳路径作为传输数据使用。数据链路层并没有提供这种最佳路径选择功能。

在物理层、数据链路层的基础上，通过网络层协议（IP 协议、ARP 协议、RARP 协议、ICMP 协议、IGMP 协议）实现异构网络互联、互联网上主机寻址、路由选路等。下面分别介绍网络层的相关知识。

6.3.2　网络层概述

▶1．网络互联

为了实现任何主机间的互连互通功能，需要将不同类型、不同位置、不同速率的网络连接起来。将网络与网络连接的设备有多种类型，如中继器、网桥、路由器、网关等。

中继器是物理层设备，对物理信号进行整形、放大、发送等处理，能够延伸物理线路使用范围。网桥是链路层设备，对数据帧进行转发、过滤等处理，能够延伸数据链路使用范围。路由器是网络层设备，能够连接不同类型的网络、选择路由、对数据包进行转发与过滤处理。

通过路由器可以将多个相同或不同类型网络连接起来，形成一个互联网络。在这个互联网络中，所有设备（主机、网络设备等）都采用 IP 协议，屏蔽了物理层及链路层的差异性。由于所有的网络都采用 IP 协议，在这个互联网络中，任何主机之间都可以通过 IP 协议相互通信，就如同在一个本地局域网一样方便，我们将这样的网络称为虚拟互联网络，如图 6.2 所示。

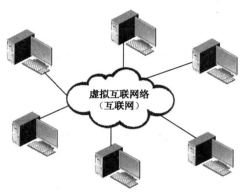

图 6.2　虚拟互联网络

◆2.提供服务

网络层向传输层提供简单灵活的、无连接的、尽最大努力交付的数据包服务。如图 6.3 所示，主机 H1 向主机 H2 发送报文时不需要先建立连接，再发送报文。每一个分组都携带目标主机地址独立发送，自主选择传输路径，与先后分组无关（不进行编号）。在传输过程中，可能出错、丢失、重复和失序，不保证可靠传输。传输的可靠性由传输层来保证。依据这种理念设计的网络可以使网络的造价大大降低，运行方式灵活，能够适应多种应用需要。Internet 能够迅速地发展到今天这种规模和水平，与这种设计思想有很多关系。

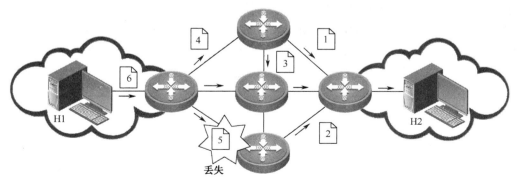

图 6.3　网络层提供的 IP 服务

6.3.3　IP 协议

IP（Internet Protocol）协议是指网际协议。为计算机网络相互连接并进行通信而设计的协议。在 Internet 中，它是实现连接到网络上的所有计算机及网络设备相互通信的一套规则。任何厂家生产的计算机系统及网络设备，只要遵守 IP 协议规范就可以与 Internet 互连互通。

> **1．IP 地址概述**

Internet 网络是一个由成千上万的网络经网络设备相互连接在一起的庞大网络。从网络层面上来看，Internet 网络是一个虚拟的、单一的、抽象网络。IP 地址就是在 Internet 网络中给每一个主机或路由器的每一个端口所分配的在全世界范围唯一的 32bit 网络层地址。IP 地址有两个版本：IPv4 及 IPv6，我们现在讨论的是针对 IPv4。IP 地址由因特网名字与号码指派公司 ICANN（Internet Corporation for Assigned Names and Numbers）进行分配。

IP 地址格式如图 6.4 所示。

图 6.4　IP 地址格式

其中包含两部分内容。

网络号：标识主机或路由器所连接到的网络编号，在整个 Internet 网络范围内是唯一的，由 ICANN 分配。

主机号：标识主机或路由器在该网络中的位置编号，在该网络范围内是唯一的，由申请者分配。

由此可见，一个 IP 地址在整个 Internet 网络范围内是唯一的。

IP 地址是由 32bit 的二进制代码构成。为了提高可读性，我们常常把 32bit 的 IP 地址中的每 8bit 用其等效的十进制数字表示，并且在这些数字之间插入一个分隔符"."，这种表示法称为点分十进制标记法。如图 6.5 所示，192.168.10.6 表示 11000000 10101000 00001010 00000110，但是 192.168.10.6 比 11000000　10101000　00001010　00000110 更容易记忆。

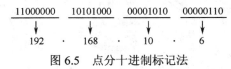

图 6.5　点分十进制标记法

> **2．IP 地址分类**

最初（1981 年通过的相应标准）使用的 IP 地址是按照自然分类的，即根据 IP 地址的前 1～4bit 位置上的数字情况进行分类。其分类数字为 0 表示 A 类，10 表示 B 类，110 表示 C 类，1110 表示 D 类，1111 表示 E 类。A 类、B 类、C 类为单播地址（一对一通信），经常用于主机或路由器端口地址。D 类地址为多播地址（一对多通信）。E 类地址为保留地址。下面我们重点介绍常用的 A 类、B 类及 C 类地址。

1）A 类地址

A 类地址的网络号为 1 个字节。分类数字为 0，网络号中只有 7bit 用于网络编号，范围为 1～127。但是网络编号 127 用于特殊用途，表示本地软件环回测试本主机的进程之间通信之用。故主机或路由器可用的 A 类地址网络号范围为 1～126。

A 类地址的主机号为 3 个字节，如图 6.6 所示。A 类地址表示的最大主机地址数量为 $2^{24}-2=16\,777\,214$。这里减去 2 的原因为：一个是主机号为 0 时，表示该主机所在网络的网络地址，如 192.168.10.0；另一个是主机号全为 1 时，表示该网络所有主机的广播地址。故这两个地址不能分配给各主机或路由器使用，主机号范围为 0.0.1～255.255.254。

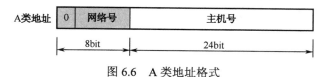

图 6.6 A 类地址格式

A 类主机 IP 地址范围为 1.0.0.1～126.255.255.254。A 类地址中网络号较少，但每个网络中主机地址数量却很多，适合比较大规模的网络环境使用。

2）B 类地址

B 类地址的网络号为 2 个字节，如图 6.7 所示。分类数字为 10，网络号中有 14bit 用于网络编号，网络号范围为 128.1～191.255。

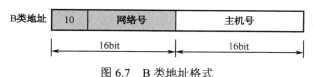

图 6.7 B 类地址格式

B 类地址的主机号也为 2 个字节，扣除全 0 和全 1 的主机号，B 类地址中每个网络中最大主机地址数为 $2^{16}-2=65\,534$，主机号范围为 0.1～255.254。

B 类主机 IP 地址范围为 128.1.0.1～191.255.255.254。B 类地址中的网络号与主机号数量适中，适用于中等规模的网络环境。

3）C 类地址

C 类地址的网络号为 3 个字节，如图 6.8 所示。分类数字为 110，网络中有 21bit 用于网络编号，网络号范围为 192.0.1～223.255.255。

图 6.8 C 类地址格式

C 类地址的主机号为 1 个字节，扣除全 0 和全 1 的主机号，C 类地址中每个网络中最大主机地址数为 $2^8-2=254$，主机号范围为 1～254。

C 类主机 IP 地址范围为 192.0.1.1～223.255.255.254。C 类地址中的网络号比较多，但每个网络中的主机号比较少，适用于规模比较小的网络环境。

4）特殊地址

IP 地址范围中有一些地址是作为特殊用途，需要引起大家注意。这些地址说明如下。

（1）网络号为正常范围内数字，主机号全部为 0，将这种地址称为网络地址。如：192.168.1.0 表示 192.168.1 网络号的网络地址。

（2）网络号为正常范围内数字，主机号全部为 1，将这种地址称为直接广播地址。如：192.168.1.255 表示 192.168.1.0 网络的广播地址。

（3）网络号及主机号全部为 1，将这种地址称为本地广播地址。如：255.255.255.255，表示在本网络的广播地址。

（4）网络号为 127，主机号为非 0 或全 1 的任何数，表示环回地址。

5）私有地址

A 类、B 类及 C 类的每个类型的地址范围中都留出一部分地址用于本单位内部或实验室网络中。这部分地址不需要申请，没有费用花费，但是也不能在 Internet 网络上使用，我们称这些地址为私有地址。

私有地址范围具体如下：

（1）A 类私有地址：10.0.0.0～10.255.255.255；

（2）B 类私有地址：172.16.0.0～172.31.255.255；

（3）C 类私有地址：192.168.0.0～192.168.255.255。

从以上讨论可以看出，IP 地址具有如下特点。

（1）每个 IP 地址都由网络号和主机号构成。IP 地址采用分级地址结构。这种分级地址结构带来的好处是：第一，IP 地址管理机构只分配网络号，主机号由该网络号单位自主分配，便于管理；第二，网络中的路由器依据网络号转发分组，减少了路由表中记录数量，缩小了路由表占用存储器的空间及查询路由表时间。

（2）IP 地址是主机或路由器接入网络时的接口地址，每一个接口必须有一个唯一的地址。同一个网络中 IP 地址的网络号必须相同，主机号不同；不同网络中 IP 地址的网络号必须不同，主机号不受限制。路由器是连接不同网络的设备，路由器各端口 IP 地址的网络号必须是不同的。中继器、集线器及网桥等连接的网段是同一个网络，只是延伸了物理网络范围，在这些网络中的 IP 地址网络号必须相同，主机号不同，如图 6.9 所示。

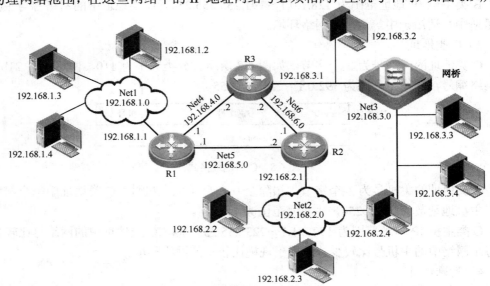

图 6.9　网络中的 IP 地址分配

在上述互联网络中，由路由器 R1、R2、R3 将局域网 Net1、Net2、Net3 连接成互联网络。在局域网 Net1 中网络号为 192.168.1，网络地址为 192.168.1.0。网络中 3 台主机 IP 地址分别是 192.168.1.2、192.168.1.3、192.168.1.4，与 Net1 相连接的路由器 R1 端口 IP 地址为 192.168.1.1。可以看出网络 Net1 中 IP 地址的网络号相同（192.168.1），主机号不同（1～4）。

在网络 Net3 中，通过网桥将两个不同物理网段连接起来，但连接后形成一个逻辑网络。在该网络中的主机 IP 地址的网络号相同（192.168.3），主机号不同（1～4）。与该网络连接的路由器端口 IP 地址为 192.168.3.1。

▶ 3. IP 地址与 MAC 地址比较

通过前面的学习已经知道 MAC 地址是链路层使用的物理地址，被封装在数据帧中标识发送或接收数据帧的主机；而 IP 地址是网络层使用的逻辑地址，被封装在 IP 数据包中标识发送或接收数据包的主机，如图 6.10 所示。关于数据包格式将在后面介绍。

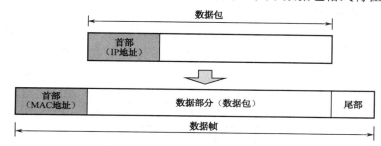

图 6.10 IP 地址与 MAC 地址的区别

当主机在发送数据时，数据从高层依次传输到低层，最后发送至通信链路上传输。使用 IP 地址的数据包一旦交给了数据链路层，就被作为链路层数据封装成数据帧。数据帧在传输时使用的两个硬件地址——源 MAC 地址和目的 MAC 地址，都被写入数据帧的首部。

连接在通信链路上的设备（主机或路由器）在接收数据帧时，比较目的 MAC 地址决定是否接收该数据帧。但数据链路层看不见隐蔽在数据帧数据部分中的 IP 地址。只有在去掉数据帧的首部和尾部后，把数据帧中的数据部分上交至网络层后，网络层才能查看到数据包中的源 IP 地址和目的 IP 地址。

源主机发送数据，经过若干个链路（可能是不同类型的链路），数据最终到达目的主机。在整个传输过程中，数据帧随着经过不同的链路，源 MAC 地址和目的 MAC 地址也在发生改变。但是数据包中的源 IP 地址和目的 IP 地址始终保持不变，如图 6.11 所示。

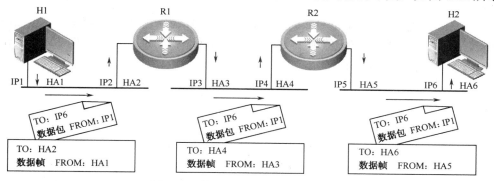

图 6.11 数据包在网络中的传输过程

在图 6.11 所示网络中，路由器 R1 及 R2 将三个局域网连接成互联网。假设主机 H1 想与主机 H2 通信。主机 H1 的 IP 地址为 IP1，MAC 地址为 HA1；R1 的两个端口的 IP 地址分别为 IP2 和 IP3，MAC 地址分别是 HA2 和 HA3；R2 的两个端口的 IP 地址分别为 IP4 和 IP5，MAC 地址分别是 HA4 和 HA5；主机 H2 的 IP 地址为 IP6，MAC 地址为 HA6。

首先，由主机 H1 发送数据帧，并经过物理链路到达路由器 R1。其次，路由器 R1 接收数据帧后，经过拆封，将数据包上传至网络层，取出目的 IP 地址，查询路由表，确定转发路径，重新封装成数据帧，发送至路由器 R2。最后，路由器 R2 同理，经过拆封、查询、封装等过程，将数据帧发送至主机 H2。

从上述分析看出，在整个数据传输过程中，每经过一个路由器数据帧就要重新拆封、封装，当然，MAC 地址也就发生变化了。IP 地址只是在网络层被取出，用于判断目的网络地址，确定转发路径，本身并没有改变。

4．IP 数据包格式

IP 数据包格式如图 6.12 所示。IP 数据包与数据帧相似，也包括首部和数据部分。首部固定部分（20 字节）和可选择部分（长度可变），但是首部长度不能超过 60 字节。

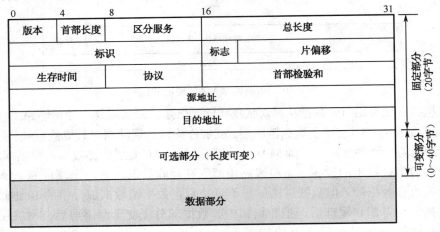

图 6.12　数据包格式

数据包首部各字段描述如下。

（1）版本：4bit，表示 IP 协议的版本。目前使用的 IPv4 版本号为 4。以后将逐渐过渡到 IPv6。

（2）首部长度：4bit，单位是 32 位字（4 个字节），表示数据包首部长度（包括固定部分及可选部分）。如：该字段值为 1111B 时，表示首部长度为 15 个字，即 15×4 字节=60 字节，故首部最大长度为 60 字节。

（3）区分服务：8bit，表示区分服务 DS（Differentiated Service）。用于为不同客户需求提供不同的网络服务质量。

（4）总长度：16bit，单位是字节，表示数据包的首部及数据部分之和的长度。链路层数据帧都有自己的帧格式，在数据帧中数据字段的最大长度称为最大传输单元 MTU。以太网帧的 MTU 为 1500，故以太网要求数据包长度不能超过 1500 字节。如果长度超过 1500 字节的数据包要通过以太网，必须将其拆分成若干个小于 1500 字节的数据包，这个过程称为数据包的"分片"。

（5）标识：16bit，表示数据包的唯一标识，用于分片后的"小数据包"能够组装成分片前的"大数据包"。从同一个数据包分片出来的"小数据包"的标识字段值相同。

（6）标志：3bit，但目前只有2位有意义。

标志字段的最低位记为 MF（More Fragment）。MF=1，表示后面"还有分片"的数据包；MF=0，表示这已是最后一个数据包了。

标志字段的中间一位记为 DF（Don't Fragment）。表示是否允许分片。当 DF=1 时，表示不允许分片；当 DF=0 时，允许分片。

（7）片偏移：13bit，单位是 8 字节，表示某片在原分组中的相对位置。同样也是相对于用户数据字段的起点，该片从何处开始。

（8）生存时间：8bit，生存时间 TTL（Time To Live）表示数据包在网络中的寿命。数据包每经过一个路由器时，TTL 值减去 1，当 TTL 等于 0 时丢弃该数据包。TTL 可防止数据包在路由环路网络中无限制地传播。

（9）协议：8bit，表示上一层使用的协议类型。如：TCP（6）协议、UDP（17）协议等。

（10）首部检验和：16bit，表示首部检验和（包括固定部分和可选部分），但不包括数据部分。用于检验首部是否出现错误。

（11）源地址：32bit，表示发送数据包的主机 IP 地址。

（12）目的地址：32bit，表示接收数据包的主机 IP 地址。

（13）可变部分：0～40 字节，表示排错、测量和安全等措施的一些选项，目前使用较少。

◉5. 数据包的转发过程

1）直接交付与间接交付

在网络转发数据包过程中，如果数据包的源主机与目的主机在一个网络（或者是在最后的一个路由器与目的主机间）的交付称为直接交付，直接交付不需要路由器；如果数据包的源主机与目的主机不在一个网络，则交付称为间接交付，间接交付必须经过一个或多个路由器，如图 6.13 所示。

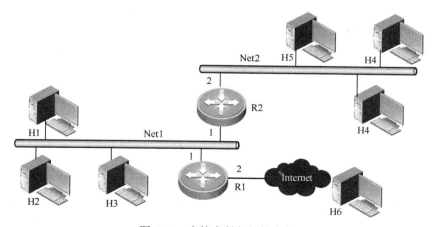

图 6.13　直接交付与间接交付

当主机 H1 向主机 H3 发送数据包时，由于源主机 H1 与目的主机 H3 都在 Net1 网络中，故不需要查找路由器中的路由表，直接在 Net1 中就可以完成数据包的传输（直接交付）。当主机 H1 向主机 H4 发送数据包时，由于源主机 H1 与目的主机 H4 不在相同网络中（H1 在 Net1 中，H4 在 Net2 中），需要先发送至路由器 R2，再经过路由器 R2 发送至主机 H4，这种交付方式称为间接交付。但是 R2 到主机 H4 间的交付是属于直接交付。

2）数据包转发过程

（1）直接转发

当主机 H1 向主机 H3 发送数据包时，主机 H1 首先比较源 IP 地址与目的 IP 地址的网络号是否相同。如果网络号相同，表明源 IP 地址与目的 IP 地址在相同网络中，直接通过源主机的源 MAC 地址及目的主机的目的 MAC 地址将数据包封装成数据帧传输；否则表明源 IP 地址与目的 IP 地址不在同一个网络中。

（2）间接转发

当主机 H1 向 H4 发送数据包时，需要将数据包发送至路由器 R2 中。由于路由器 R2 与主机 H1 都在 Net1 中，只需将要发送的数据包通过源主机 H1 的源 MAC 地址及路由器 R2 接口 1 的目的 MAC 地址封装成数据帧，发送至 R2。路由器 R2 收到数据帧后，经拆封后取出数据包目的 IP 地址，查询路由表，决定从接口 2 发送后，重新以路由器 R2 接口 2 的源 MAC 地址及主机 H4 的目的 MAC 地址封装数据帧，发送至主机 H4。

每个路由器都有一个路由表，路由表中存放着去目的网络的路由，包括目的网络地址及到达目的网络的下一跳地址或接口号，如图 6.14 所示。

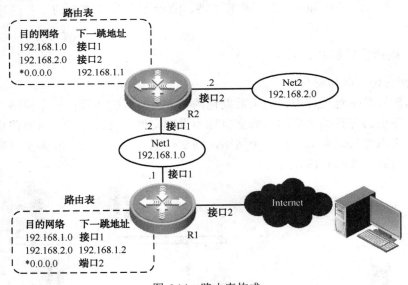

图 6.14　路由表构成

在路由器 R1 中，通过接口 1 直接连接网络 Net1（192.168.1.0），通过接口 2 连接 Internet。路由表中存放有"192.168.1.0 接口 1" 一条路由记录，表示访问 Net1 网络，只需通过接口 1。如果访问 Net2 网络，必须通过路由器 R2，在路由器 R1 中有"192.168.2.0 192.168.1.2"路由记录，表示去往 192.168.2.0 网络，下一跳地址为 192.168.1.2。

同理，在路由器 R2 中，通过接口 1 直接连接网络 Net1（192.168.1.0），通过接口 2 直接连接网络 Net2（192.168.2.0）。路由表中存放有"192.168.1.0 接口 1"和"192.168.2.0 接口 2"两条路由记录。

（3）默认转发

上述描述的数据包转发过程都是已知目的网络路由。在 Internet 网络中，有成千上万的目的网络，不可能在路由表中都有路由记录（原因为一是路由器的存储器容量有限，另一方面是无法知道具体的目的网络路由）。路由器收到一个数据包，如果在路由表中查询不到目的路由，将丢弃该数据包，这样数据包将无法在 Internet 上传输。为了解决此类问题，需要在路由表中设置一条默认路由。默认路由放置在路由表中记录最后，如果查询比较没有匹配的路由条件，最后按照默认路由指向转发数据包。默认路由的目的网络用"0.0.0.0"表示，通常在默认路由前面加"*"符号，表示此条路由是一条默认路由。

6.3.4　其他相关协议

▶1. 地址解析协议 ARP

地址解析协议 ARP（Address Resolution Protocol）是将主机的 IP 地址映射成主机的 MAC 地址（物理地址）的协议。在实际网络应用中，经常会遇到这样情况：已知一个主机的 IP 地址，需要找出对应的 MAC 地址；或者已知一个主机的 MAC 地址，需要找出对应的 IP 地址。地址解析协议可以将 IP 地址解析成 MAC 地址，如图 6.15 所示。

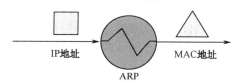

IP地址　　　　　　　　　　　MAC地址

ARP

图 6.15　ARP 协议作用

通过前面的学习，我们了解到网络层使用的 IP 地址，但在实际链路上传输的是数据帧，数据帧使用的是 MAC 地址。但是 IP 地址与 MAC 地址之间由于格式（IP 地址 32 位，MAC 地地址 48 位）不同而不能简单地转换。此外，在局域网中经常会有主机网卡因损坏而更换等，MAC 地址常常在变动，MAC 地址与 IP 地址对应关系也在变化。为了保证网络中主机间能正常通信，必须实时、准确掌握 MAC 地址与 IP 地址的变化，随时能够获得真实的 IP 地址及相应的 MAC 地址。

每个主机或路由器在其 RAM 中建立并维持一个用于存储 IP 地址与 MAC 地址映射的数据表，通常称为 ARP 表。查询主机 ARP 表的命令如下：

```
C:\> ARP -a
192.168.1.1        00-0a-eb-e6-f1-1a    dynamic
192.168.1.2        00-00-f0-79-7e-e8    static
```

其中：-a 表示显示所有接口的 ARP 表。

如何能够建立 ARP 地址表呢，可以通过管理员或用户手工配置，也可以通过 ARP 协议自动学习。下面以图 6.16 所示的网络为例说明 ARP 工作过程。

1）主机 H1 向主机 H2 发送数据包

当主机 H1 向本网络中的主机 H2 发送数据包时，先在本主机的 ARP 表中查询是否有主机 H2 的 IP 地址。如果有，就从 ARP 表中取出对应的 MAC 地址，再把这个 MAC 地址写入要发送的数据帧的目的地址字段中，然后通过局域网将此数据帧发送至目的地址。

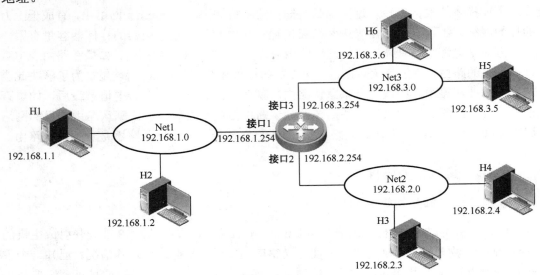

图 6.16　路由器连接的网络

如果 ARP 表中没有主机 H2 的 IP 地址（可能主机 H2 刚上网或主机 H1 刚刚冷启动，其 ARP 表是空的），此时，主机 H1 将自动运行 ARP 协议，通过如下步骤获得 H2 的 MAC 地址。

（1）主机 H1 在网络 Net1 中以广播方式发送一个 ARP 请求报文。报文的内容是"我的 IP 地址是 192.168.1.1，MAC 地址是 00-1A-4D-D0-A0-2D，我想寻找 IP 地址是 192.168.1.2 的主机 MAC 地址，谢谢！"。

（2）在网络 Net1 的所在主机及连接到此网络的路由器 ARP 协议都能收到此请求报文。

（3）所有收到该请求报文的主机及路由器比较报文中的查询 IP 地址与自己的 IP 地址。如果不同，丢弃该报文；如果相同（只有主机 H2 相同），准备做出回应报文。

（4）主机 H2 以单播发送向主机 H1 发送响应报文，响应报文的内容是"我的地址是 192.168.1.2，我的 MAC 地址是 00-1A-4D-D0-A1-FD，请查收！"。

（5）主机 H1 收到主机 H2 发送的响应报文后，将主机 H2 的 IP 地址及 MAC 地址写入 ARP 表。

随后可以将主机 H1 的 MAC 地址写入数据帧源 MAC 地址字段，将主机 H2 的 MAC 地址写入数据帧目的 MAC 地址字段，将数据帧发送至 H2 主机。

2）主机 H1 向主机 H6 发送数据包

如果所要找的主机与源主机不在一个局域网上，主机 H1 将按如下步骤工作。

（1）判断主机是否设置了默认网关地址。

如果源主机与目的主机不在一个网络中，需要查询源主机是否配置了默认网关地址。如果配置了默认网关地址，则寻求默认网关 IP 地址对应的 MAC 地址。如果没有配置默认网关地址，则丢弃该数据包。该网络中主机 H1 配置了默认网关地址为路由器接口 1 的 IP 地址 192.168.1.254。

（2）寻址默认网关地址的 MAC 地址。

同理，首先在本地主机 ARP 表中寻找默认网关的 MAC 地址，如果找到，开始写入数据帧，并开始传送数据帧工作；其次，如果在本机 ARP 表中没有找到默认网关的 MAC 地址，则通过 ARP 寻找默认网关的 MAC 地址，并写入数据帧，然后开始传输数据帧工作。

（3）路由器收到该数据帧，取出 IP 地址，寻址最佳路径，寻找主机 H6 的 MAC 地址，重新封装数据帧，从路由器接口发送至主机 H6。从路由器中寻找主机 H6 的 MAC 地址过程前面章节已介绍过，请读者自行分析。

2．反地址解析协议 RARP

反地址解析协议 RARP（Reverse Address Resolution Protocol）是将 MAC 地址映射到 IP 地址的协议，如图 6.17 所示。

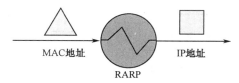

MAC地址　　　　　　IP地址

RARP

图 6.17　RARP 协议作用

无盘工作站启动时，它可以通过 RARP 的客户端程序去创建一个 RARP 请求报文并在网络中广播，网络中运行 RARP 服务程序的 RARP 服务器在收到该请求报文时，会向该无盘工作站发送一个 RARP 应答报文，在该应答报文中将包含这个无盘工作站所需要的 IP 地址信息。目前，无盘工作站已很少使用，RARP 也几乎无人在用。

3．网际控制信息协议 ICMP

IP 协议提供的是一种无连接的、尽力而为的服务，在数据包通过互连网络的过程中，出现各种传输错误是难免的。

网际控制报文协议 ICMP（Internet Control Message Protocol）允许主机或路由器报告差错情况和提供有关异常情况的报告。

ICMP 报文的种类有 2 种：ICMP 差错报告报文和 ICMP 询问报文。

1）ICMP 差错报告报文共有 5 种

（1）终点不可达报文：当路由器或主机不能交付数据报时就向源点发送终点不可达报文，如图 6.18 所示。

（2）源点抑制报文：当路由器或主机由于拥塞而丢弃数据报时，就向源点发送源点抑制报文，使源点知道应当把数据报的发送速率放慢。

（3）时间超时报文：当路由器收到生存时间为零的数据报时，除丢弃该数据报外，还要向源点发送时间超时报文。

（4）参数问题报文：当路由器或目的主机收到的数据报的首部中有的字段其值不正确时，就丢弃该数据报，并向源点发送参数问题报文。

（5）重定向报文：路由器把改变路由报文发送给主机，让主机知道下次应该将数据报发送给另外的路由器（可通过更好的路由）。

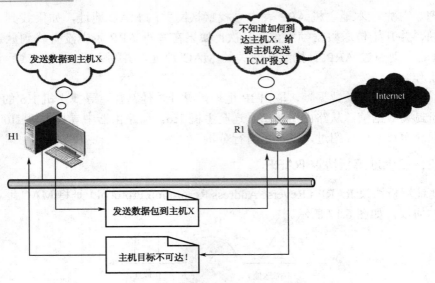

图 6.18　主机、端口或网络不可达

2）ICMP 询问报文共有 2 种

（1）回送请求（Echo Request）和回答报文（Echo Reply）：ICMP 回送请求报文是由主机或路由器向一个特定的目的主机发送的询问。收到此询问报文的主机必须给源主机或路由器发送 ICMP 回送回答报文。这种询问报文用来测试目的站是否可达以及了解其有关状态，如图 6.19 所示。

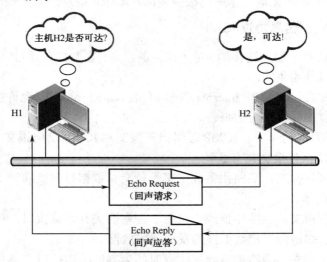

图 6.19　Ping 命令产生的 ICMP 报文过程

（2）时间戳请求与回答报文：ICMP 时间戳请求报文是请某个主机或路由器回答当前的日期和时间。

3）ICMP 的应用举例

（1）Ping 命令（Packet Internet Groper）报文网间探测，用来测试两个主机之间的连通性。如：

C:\>ping www.163.com

PC 机连续发出 4 个 ICMP 回送请求报文，如果 www.163.com 服务器正常工作而且响应这个 ICMP 回送请求报文（有的主机出于安全考虑则不响应），那么它就发回这个 ICMP 回送回答报文。往返时间根据时间戳很容易计算，如图 6.20 所示。

图 6.20　执行 Ping 命令

（2）跟踪一个分组从源点到终点的路径命令 Tracert。

如：

```
C:\>tracert www.163.com
```

源主机向目的主机发送一连串的 IP 数据报，数据报中封装的是无法交付的 UDP 用户数据报，如图 6.21 所示。

图 6.21　执行 Tracert 命令

（1）一个数据报 P1 的生存时间设置为 1。当 P1 到达路径上的第一个路由器 R1 时，路由器 R1 先收下它，并把 TTL 减去 1。由于 TTL 等于 0，R1 就把 P1 丢弃了，并向源主机发送一个 ICMP 时间超出差错报告报文。

（2）源主机接着发送第二个数据报 P2，并把 TTL 设置为 2。P2 先到达路由器 R1，R1 收下后把 TTL 减去 1 再转发给路由器 R2。R2 路由器收到 P2 时 TTL 为 1，但减去 1 后 TTL 为 0，R2 就丢弃 P2，并向源主机发送一个 ICMP 时间超时差错报文。这样一直继续下去。最后一个数据报到达目的主机时，数据报的 TTL 是 1。主机不转发数据报，也不把 TTL 减去 1，但因 IP 数据报中封装的是无法交付的传输层的 UDP 用户数据报，因此目的主机要向源主机发送 ICMP 终点不可达差错报告报文。

6.3.5　网络设备

▶1. 路由器

路由器是网络层设备之一，常常在局域网与其他网络连接处使用，用于网络之间相互连接，如图 6.22 所示。

路由器收到一个数据包后，提取数据包中的目的 IP 地址，确定目标网络地址。通过路由表，查询到达目标网络的路由，实行数据包转发。但路由器的转发性能并不高，而且每个数据包到达路由器后都需要查找路由表，从而获得去目标网络的路由。

路由器可以实现不同类型或不同协议的网络相互连接。

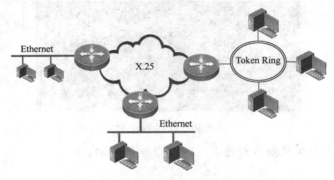

图 6.22　路由器连接不同类型网络

▶ 2.　三层交换机

三层交换机是网络层设备之一。三层交换机主要作为局域网汇集层网络设备或园区网络核心设备使用，起到网络汇聚或核心连接作用。而三层交换机具有更好的转发性能，它可以实现"一次路由，多次交换"，通过硬件实现数据包的查找和转发，所有网络的核心设备一般都会选择三层交换机。

三层交换机既具有两层交换机对数据帧的交换功能，又具有路由器数据包的路由功能。

6.4　应用实践

6.4.1　背景描述

小刘接到客户的请求，为客户做技术支持。客户请求小刘帮助办公室网络接入Internet，办公室通过路由器直接连接 Internet，实现小型办公室局域网通过路由器接入方式访问 Internet 网络，如图 6.23 所示。

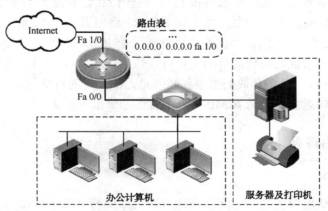

图 6.23　办公室网络通过路由器接入 Internet

6.4.2 设备安装

▶1. 路由器安装

将路由器的 Fa 1/0 接口作为外网接口连接到 Internet 网络中，该接口通常由 ISP 提供。将路由器的 Fa 0/0 接口作为内网接口连接到办公室网络中的交换机或集线器上。

▶2. 其他设备安装

局域网中设备安装步骤前面章节已介绍过，在此略。

6.4.3 设备配置

▶1. 路由器配置

（1）配置外网接口 IP 地址，具体地址需要根据 ISP 提供的 IP 地址。假设 ISP 提供的 IP 地址为 200.168.100.109，子网掩码为 255.255.255.0。

（2）配置内网接口 IP 地址，根据局域网规划 IP 地址选定，这个 IP 地址作为此局域网中主机网络参数配置中的网关 IP 地址。假设分配给路由器内网接口 IP 为 192.168.1.1，子网掩码为 255.255.255.0。

（3）配置默认路由，以便访问互联网数据包能够通过外网接口转发出去。

由于内网使用的私有 IP 地址，需要进行 NAT 转换。如果进行流量控制，需要配置 ACL 等，这方面内容后续章节会介绍。

路由器的基本配置命令如下：

```
Router#config
Router(config)#interface fa 0/0
Router(config-if)#ip address 192.168.1.1 255.255.255.0
Router(config-if)#no shutdown
Router(config-if)#exit
Router(config)#interface fa 1/0
Router(config-if)#ip address 200.168.100.109 255.255.255.0
Router(config-if)#no shutdown
Router(config-if)#exit
Router(config)#ip route 0.0.0.0 0.0.0.0 fa 1/0
Router(config)#end
Router#
```

▶2. 主机配置

配置主机 IP 地址、子网掩码等参数。

▶3. 网络测试

路由器及主机配置完成后，需要进行网络测试，通常使用 Ping 命令测试网络连通性。

练习题

1. 选择题

（1）将网络与网络连接的设备有多种类型，如：中继器、网桥、路由器、网关等。（   ）是网络层设备，能够连接不同类型网络、选择路由、对数据包进行转发与过滤处理。

    A. 中继器   B. 网桥   C. 路由器   D. 网关

（2）下面（   ）协议不属于网络层协议。

    A. IP   B. PPP   C. ARP   D. RARP

（3）IP 地址由（   ）位二进制数组成。

    A. 8   B. 16   C. 32   D. 48

（4）下列（   ）是 C 类地址。

    A. 10.1.1.1   B. 129.1.1.1   C. 193.1.1.1   D. 225.1.1.1

（5）假设一个主机 IP 地址为 192.168.2.121，而子网掩码为 255.255.255.248，那么该主机的网络地址为（   ）。

    A. 192.168.2.12   B. 192.168.2.121   C. 192.168.2.120   D. 192.168.2.32

2. 简答题

（1）描述 IP 地址与 MAC 地址的异同点。

（2）描述 ARP 协议的作用是什么？

（3）描述 ICMP 协议的作用是什么？

划分子网与构造超网——网络层

➡️ **本章导入**

我们知道在计算机网络中连接网络的设备接口必须具有唯一的 IP 地址。为了保证 IP 地址的唯一性,在使用之前必须向 ICNN 机构申请 IP 地址(合法的 IP 地址)。一般都是申请某一类 IP 地址块,但是在本单位申请的 IP 地址块中通常存在一些剩余的 IP 地址,考虑到管理及其他问题,也不能分配给其他单位使用,这样就造成一定 IP 地址资源的浪费。

另外,在 IP 地址分类中,有些情况下,一个 C 类 IP 地址主机数量太少,而一个 B 类 IP 地址主机数量又太多,不能满足单位对 IP 地址的需求。这时需要申请几个 C 类地址,以满足单位对 IP 地址数量的需求。但也带来一些不必要的麻烦,造成路由器中路由表很大,需要更多的存储空间,并且查找路由时间变长等。

为解决这些问题,需要采用划分子网及构造超网络的方法,对分类 IP 地址的使用进行改造,使得 IP 地址的使用更加灵活、合理。

7.1 提出问题

在某企业网络中,为了方便管理及提高网络运行效率,按部门划分子网。各部门配备数量不等的计算机,其中市场部 30 台,销售部 20 台,技术部 15 台,数据中心 25 台,财务部 8 台等。考虑到企业今后发展需要,申请一个 C 类 IP 地址,请你根据需求合理划分子网 IP 地址。具体网络拓扑如图 7.1 所示。

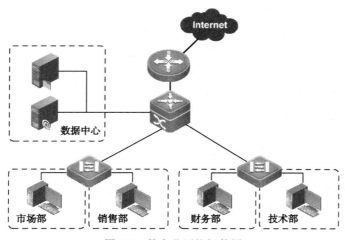

图 7.1　某企业网络拓扑图

7.2 工作任务

本章节中，通过学习将完成如下工作任务：

（1）描述划分子网的思路及方法；

（2）描述分组在子网中的转发过程；

（3）描述构造超网的思路及方法；

（4）规划小型办公区域局域网络 IP 地址方案。

7.3 预备知识

7.3.1 划分子网

1．为什么要划分子网

在 Internet 建设初期，网络设计者并没有预见网络发展速度如此之快，发展规模如此之大。研究者在设计 Internet 编址方案时，主要是针对大型计算机互联的网络结构。IP 地址设计的初衷是希望用 IP 地址能够唯一地标识网络中的计算机。但是，这种方法同时存在如下问题。

（1）IP 地址空间的利用率问题

我们知道一个 A 类地址网络可连接的主机数量超过 1000 万台（16 777 214），一个 B 类地址网络可连接的主机数量超过 6 万台（65 534），一个 C 类地址网络可连接的主机数量只有 254 台。10Base-T 以太网技术规范要求一个网络中连接最大结点数量为 1024。如果这样的以太网申请了一个 B 类地址只利用了不到 2%的地址空间，剩下的 6 万多个 IP 地址不能被其他单位使用，地址资源严重浪费。

（2）一个单位需要组建多个远程办公机构

一个公司尤其是一个比较大的公司，经常有多个分布在全国乃至世界的分公司或办事处等机构，这些机构需要通过 Internet 连接起来，实现网上办公及电子商务等。如果每个机构都申请一个网络地址，一方面造成公司运营成本增加，另一面也造成 IP 地址资源浪费。最好的解决办法是利用公司已有的 IP 地址资源，合理分配 IP 地址。

划分子网可以很好地解决 IP 地址空间利用率的问题，能够科学、合理地分配 IP 地址，达到用多少分配多少的目的。下面首先介绍划分子网的相关知识。

2．划分子网概述

IP 地址是由网络号和主机号构成的。划分子网是指从主机号中借用若干位作为子网号，形成新的 IP 地址结构：网络号+子网号+主机号，如图 7.2 所示。

将 IP 地址划分子网应用于一个单位内部局域网中。在单位内部通过划分子网可以将原来属于一个网络号的网络划分成几个子网，有利于网络管理、提高了网络效率。每个子网是一个广播域，缩小了广播域范围，改善了网络环境。假设有一个 B 类地址 130.126.0.0 网络，从局域网外部看，整个局域网是一个独立的网络，如图 7.3 所示。

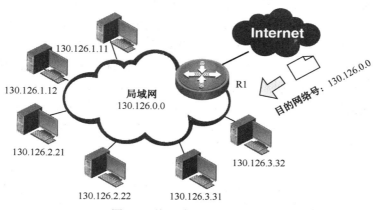

图 7.2　划分子网的 IP 地址结构

图 7.3　从局域网看网络结构

当 Internet 上有传输到 130.126.0.0 网络的数据包时，先传递至路由器 R1。路由器 R1 收到数据包后，再根据目的网络号和子网号，寻找去往目的主机的路由，将数据包转发至目标主机，如图 7.4 所示。在局域网 130.126.0.0 网络中，借用 8 位主机号作为子网号。主机号由原来 16 位缩小至 8 位，能连接到网络上的主机数减少了。假设划分三个子网分别是 130.126.1.0、130.126.2.0、130.126.3.0。划分子网后，整个网络对外部仍然表现为一个 130.126.0.0 网络。当路由器 R1 收到数据包后，将根据目的 IP 地址将数据包转发至相应子网中。

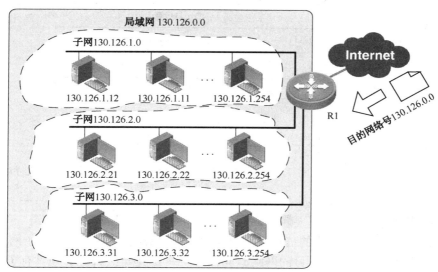

图 7.4　划分子网的网络结构

3．子网掩码

在图 7.4 中，假设从 Internet 发送一个目的地址是 130.126.3.10 的数据包，该数据包被路由器 R1 接收到后，路由器 R1 是如何区分子网地址的呢？

在分类网络地址中，按照 IP 地址的 1～4 位来区分是 A 类、B 类、C 类、D 类及 E 类。A 类地址的前 8bit 是网络号，B 类地址的前 16bit 是网络号，C 类地址的前 24bit 是网络号，这些地址网络号位置是固定。划分子网后，打破了以往分类网络地址的规定，网络号根据需要而变化。如何确定新的网络号位置是问题的关键。

我们从数据包首部只能获得目的 IP 地址及源 IP 地址的信息，无法知道网络是否划分了子网。因此，要想表示划分子网行为，必须另想办法，这就用到了子网掩码。

子网掩码同 IP 地址一样，也是由 32bit 的"1"和"0"二进制数字构成。子网掩码规定"1"对应的 IP 地址位是网络位或子网位；"0"对应的 IP 地址位是主机位。分类 IP 地址的默认子网掩码分别是 A 类 IP 地址的子网掩码表示为 255.0.0.0；B 类 IP 地址的子网掩码表示为 255.255.0.0；C 类 IP 地址的子网掩码表示为 255.255.255.0。下面借 8 位划分子网后，子网掩码如图 7.5 所示。

子网掩码的表示方法既可以使用"点分十进制标记法"也可以用"斜线标记法"。比如，子网掩码 11111111 11111111 11111111 00000000 既可以使用"点分十进制标记法"255.255.255.0 表示，也可以使用"斜线标记法"/24 表示。在"斜线标记法"中的"／24"表示子网掩码中从左端开始有连续 24 个"1"。

通过子网掩码可以非常容易地计算出该 IP 地址所在网络地址。例如，在图 7.4 网络中，路由器 R1 收到一个目的 IP 地址是 130.126.3.31 的数据包，将使用子网掩码 255.255.255.0 与目的 IP 地址 130.126.3.31 进行逻辑"与"运算，获得子网 IP 地址的网络地址 130.126.3.0。

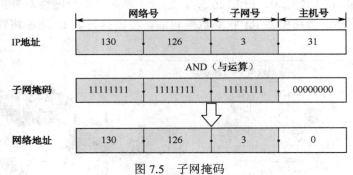

图 7.5　子网掩码

提 示

无论是否为分类 IP 地址，只要将 IP 地址与子网掩码进行逻辑"与"运算，即可获得该 IP 地址的网络地址。

子网掩码是一个网络的重要属性，是确定网络位置的重要参数。只知道一个 IP 地址无法确认该 IP 地址所在网络的信息，必须同时还要明确该 IP 地址对应的子网掩码是多少。所以路由表记录中除了有目的网络地址、下一跳 IP 地址之外还必须具有子网掩码。当查询路由表时将数据包中的目的 IP 地址与路由表中的子网掩码进行"与"运算获得的网络地址后，再与路由表中该记录的网络号比较，如果相同，则按照路由指向的下一跳地址转发，否则继续查询下一条记录，直到最后一条，如图 7.6 所示。

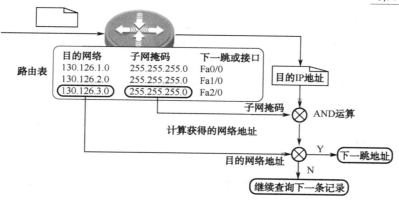

图 7.6   查询路由表

4．划分子网

在划分子网时，对于所建立的子网的大小没有限制。可以建立的子网数量和每个子网的主机数量有很大的灵活性。每类网络地址允许的最大子网数和主机数量都不同，如表 7.1 所示。

最大可用子网数量 $= 2^n - 2$，其中 n 为借用的主机位数。减去 2 是因为去掉全 1 的广播地址及全 0 的网络地址。

最大可用主机数量 $= 2^m - 2$，其中 m 为剩余的主机位数。减去 2 是因为去掉全 1 的广播地址及全 0 的网络地址。

表 7.1   子网数量和主机数量

地址类型	最大子网数量	最大主机数量
A	4 194 304	16 777 214
B	16 384	65 534
C	64	254

每个子网的最大主机数依赖于建立的子网数，由于 C 类子网比较简单，因此这里以 C 类为例，说明子网数量与主机数量之间的关系，如表 7.2 所示。

表 7.2   C 类网络中的子网数与主机数

借位数	最大子网数/可用子网数	每个子网的最大主机数/可用主机数	可用子网数×可用主机数	备注
0	0（默认地址）	$2^8 = 256/254$	0	没有划分子网
1	$2^1 = 2/0$	$2^7 = 128/126$	0	可用子网数为 0
2	$2^2 = 4/2$	$2^6 = 64/62$	$2 \times 62 = 124$	
3	$2^3 = 8/6$	$2^5 = 32/30$	$6 \times 30 = 180$	
4	$2^4 = 16/14$	$2^4 = 16/14$	$14 \times 14 = 196$	
5	$2^5 = 32/30$	$2^3 = 8/6$	$30 \times 6 = 180$	
6	$2^6 = 64/62$	$2^2 = 4/2$	$62 \times 2 = 124$	
7	$2^7 = 128/126$	$2^1 = 2/0$	0	可用主机数为 0
8	$2^8 = 256/254$	$2^0 = 1/0$	0	可用主机数为 0

几点说明如下。

（1）在表 7.2 中第 1 种情形，实际上没有借位，使用的是默认子网掩码，因此有 8 位用于主机，可用主机数量为 254。

（2）可用的子网数比允许的最大子网数少 2。其原因在于，称做有类别协议的路由选择协议时无法区分全 0 子网的网络地址和默认网络地址，例如，有类别路由器认为具有默认网络掩码 255.255.0.0 的网络地址 <u>130.126</u>.0.0 与具有子网掩码 255.255.255.0 的网络地址 <u>130.126</u>.0.0 是同一个地址。也无法区分全 1 子网的广播地址和默认的广播地址，例如，有类别路由器认为具有默认网络掩码的 255.255.0.0 的广播地址 <u>130.126</u>.255.255 与具有子网掩码 255.255.255.0 的广播地址 <u>130.126.255</u>.255 是同一个地址。

（3）在借位时必须为主机位保留 2 位，以便在减去网络地址和广播地址后，仍有最少 2 个可用的主机。

（4）经过划分子网后，可用的主机总数比没有划分子网时减少了。减少的主机数为划分子网时全 1 和全 0 位损失掉了。

A 类地址和 B 类地址的子网划分情况与 C 类地址类似，读者可自行练习。

例如，某小型销售公司拥有一个 C 类地址 205.56.178.0，最初公司只有 28 台计算机。公司计划从目前的一个网点网络扩展至全国 3 个网点（包括总部及办事处），每个网点计算机不超过 30 台。公司要求你基于现有的 C 类网络基础上分出足够的子网，以支持新增的办事处网络。同时还要考虑到支持未来两年网络规模的成倍增长。如何才能既要满足需求，又能有效地利用该 C 类地址避免地址浪费呢？

若满足公司新增网点需要，必须划分子网数大于或等于 6，同时每个子网的主机数满足大于 30 的要求。借用 3 位，可划分最大可用子网数为 $2^3-2=6$；每个子网最大可用主机数为 $2^5-2=30$，完全满足公司要求。子网掩码为 11111111 11111111 11111111 11100000B，相当于子网掩码为 255.255.255.224。

下面描述计算各子网 IP 地址的过程。

第 1 步，在"子网 ID"栏中填写从 1 开始的编号，直到所允许的最大子网数，如表 7.3 所示。

表 7.3　C 类子网划分（第 1 步）

C 类地址 205.56.178.0		子网掩码：255.255.255.224	
子网 ID	网络地址	子网可用地址范围	广播地址
1			
2			
3			
4			
5			
6			
7			
8			

子网掩码 255.255.255.224 可生成的最大子网数为 8（$2^3=8$），因此在"子网 ID"栏中

填入 1～8 这 8 个数字。

第 2 步，确定第一个子网的"网络地址"值，并填入相应位置，如表 7.4 所示。

表 7.4　C 类子网划分（第 2 步）

C 类地址 205.56.178.0		子网掩码：255.255.255.224	
子网 ID	网络地址	子网可用地址范围	广播地址
1	205.56.178.0		
2			
3			
4			
5			
6			
7			
8			

表 7.4 中 1#子网的网络地址是子网部分和主机部分全部是 0 的网络地址，也就是默认 C 类网络掩码（255.255.255.0）对应的地址，这个地址为 205.56.178.0。

第 3 步，确定最后一个子网的"广播地址"，并填入相应位置，如表 7.5 所示。

表 7.5　C 类子网划分（第 3 步）

C 类地址 205.56.178.0		子网掩码：255.255.255.224	
子网 ID	网络地址	子网可用地址范围	广播地址
1	205.56.178.0		
2			
3			
4			
5			
6			
7			
8			205.56.178.255

表 7.5 中 8#子网的广播地址是子网部分和主机部分全部是 1 的地址，这个地址为 205.56.178.255。

> **提示**
>
> 　第一行的"网络地址"和最后一行的"广播地址"总是默认网络掩码的第一个地址和最后一个地址。默认 C 类网络地址总是 x.y.z.0 开始，以 x.y.z.255 结束。

第 4 步，确定第 1 行的"广播地址"。

对应子网掩码 255.255.255.224，其地址中的主机位剩下 5 位，因此每个子网包含的最大主机数为 32（2^5=32）个，其中有 30 个地址可用。由于第一个子网中的主机部分从 0 开始，因此 32 个主机地址中最后一个地址的主机部分为 31，如表 7.6 所示。

表 7.6　C 类子网划分（第 4 步）

C 类地址 205.56.178.0		子网掩码：255.255.255.224	
子网 ID	网络地址	子网可用地址范围	广播地址
1	205.56.178.0		205.56.178.31
2			
3			
4			
5			
6			
7			
8			205.56.178.255

第 5 步，确定"子网可用地址范围"。

由于我们已经确定了子网的网络地址和广播地址，子网可用地址范围是网络地址+1 到广播地址-1，如表 7.7 所示。

表 7.7　 C 类子网划分（第 5 步）

C 类地址 205.56.178.0		子网掩码：255.255.255.224	
子网 ID	网络地址	子网可用地址范围	广播地址
1	205.56.178.0	205.56.178.1～205.56.178.30	205.56.178.31
2			
3			
4			
5			
6			
7			
8			205.56.178.255

第 6 步，确定 2#子网的"网络地址"。

由于已经确定了 1#子网的广播地址，2#子网的网络地址应该是与 1#子网的广播地址相邻，即 2#子网的网络地址=1#子网的广播地址+1，如表 7.8 所示。

表 7.8　C 类子网划分（第 6 步）

C 类地址 205.56.178.0		子网掩码：255.255.255.224	
子网 ID	网络地址	子网可用地址范围	广播地址
1	205.56.178.0	205.56.178.1～205.56.178.30	205.56.178.31
2	205.56.178.32		
3			
4			
5			
6			
7			
8			205.56.178.255

提 示

从表7.8中可以发现，网络地址的增量为32，同时也是子网允许的最大主机数。

第7步，计算2#子网的"广播地址"。

由于2#子网的广播地址也是2#子网中包含的32个主机地址中的最后一个，所以与1#子网一样，从 2#子网的网络地址开始算起，第 32 个主机地址为广播地址，即205.56.178.63，如表7.9所示。

表7.9 C类子网划分（第7步）

C类地址 205.56.178.0		子网掩码：255.255.255.224	
子网 ID	网络地址	子网可用地址范围	广播地址
1	205.56.178.0	205.56.178.1～205.56.178.30	205.56.178.31
2	205.56.178.32		205.56.178.63
3			
4			
5			
6			
7			
8			205.56.178.255

提 示

广播地址的增量也是32，因此也可以通过31+32=63计算该广播地址。

第8步，确定2#子网的"子网可用地址范围"。

根据 2#子网的网络地址和广播地址，容易得到 2#子网的可用地址范围为205.56.178.33～205.56.178.62，如表 7.10 所示。

表7.10 C类子网划分（第8步）

C类地址 205.56.178.0		子网掩码：255.255.255.224	
子网 ID	网络地址	子网可用地址范围	广播地址
1	205.56.178.0	205.56.178.1～205.56.178.30	205.56.178.31
2	205.56.178.32	205.56.178.33～205.56.178.62	205.56.178.63
3			
4			
5			
6			
7			
8			205.56.178.255

第 9 步，同 2#子网计算过程，可以计算出 3#子网～8#子网的"网络地址"、"广播地址"、"子网可用地址范围"，如表 7.11 所示。

表 7.11　C 类子网划分（第 9 步）

C 类地址 205.56.178.0		子网掩码：255.255.255.224	
子网 ID	网络地址	子网可用地址范围	广播地址
1	205.56.178.0	205.56.178.1～205.56.178.30	205.56.178.31
2	205.56.178.32	205.56.178.33～205.56.178.62	205.56.178.63
3	205.56.178.64	205.56.178.65～205.56.178.94	205.56.178.95
4	205.56.178.96	205.56.178.97～205.56.178.126	205.56.178.127
5	205.56.178.128	205.56.178.129～205.56.178.158	205.56.178.159
6	205.56.178.160	205.56.178.161～205.56.178.190	205.56.178.191
7	205.56.178.192	205.56.178.193～205.56.178.222	205.56.178.223
8	205.56.178.224	205.56.178.225～205.56.178.254	205.56.178.255

▶5．分组转发

网络中使用划分子网后，路由器中的路由表必须包括目的网络地址、子网掩码及下一跳地址等。下面说明划分子网后，路由器是如何转发分组的。

（1）从收到的数据包的首部提取目的 IP 地址 D。

（2）先判断是否为直接交付。对路由器直接相连的网络逐个进行检查，用各网络的子网掩码和 D 逐位相"与"运算，比较运算的结果是否和相应的网络地址匹配。若匹配，则把分组进行直接交付，转发任务结束；否则间接交付，执行（3）。

（3）若路由表中有目的地址为 D 的特定主机路由，则把数据包传输给路由表中所指明的下一跳路由器；否则执行（4）。

（4）对路由表中的每一行用其中的子网掩码和 D 逐位相"与"运算后，比较运算结果和该行的网络地址是否匹配。若匹配，则把数据包传输给路由表中所指明的下一跳路由器；否则执行（5）。

（5）若路由表中有一个默认路由，则把数据包传送给路由表中所指明的默认路由器；否则丢弃该数据包，报告转发分组出错。

例如，某网络拓扑如图 7.7 所示。主机 H1 分别发送分组到 H2、H3、H4，路由器 R1 接口 1 连接 172.16.1.0、接口 2 连接 172.16.12.0、接口 3 连接 172.16.13.0，通过 S2/0 连接 Internet，S2/0 接口地址为 200.10.10.1，Internet 中有一台主机 H5 地址为 202.68.72.10。各接口均配置子网掩码为 255.255.255.0。请分析路由器 R1 是转发分组工作过程。

路由器 R1 的路由表如下：

```
172.16.1.0     255.255.255.0     接口 1
172.16.12.0    255.255.255.0     接口 2
172.16.13.0    255.255.255.0     接口 3
172.16.2.0     255.255.255.0     172.16.12.2
172.16.3.0     255.255.255.0     172.16.13.2
*0.0.0.0       0.0.0.0           S2/0
```

（1）主机 H1 发送分组至 H2

主机 H1 发送分组至 H2 时，该数据包的源 IP 地址为 172.16.1.10，目的 IP 地址为 172.16.1.11。

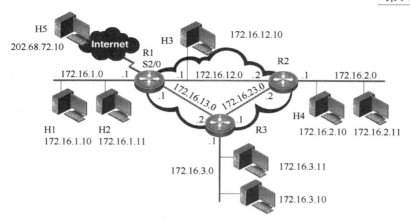

图 7.7　子网中分组转发

第 1 步，将源 IP 地址 172.16.1.10 与子网掩码 255.255.255.0 进行"与"运算，获得主机 H1 的网络地址为 172.16.1.0；同理，将目的 IP 地址 172.16.1.11 与子网掩码 255.255.255.0 进行"与"运算，获得主机 H2 的网络地址 172.16.1.0。

第 2 步，比较两个网络地址后，发现网络地址相同，说明两个主机在同一个网络中，直接封装成帧交付。当然，还需获得 MAC 地址等，在此不做详细描述。

（2）主机 H1 发送分组至 H3

主机 H1 发送分组至 H3 时，该数据包的源地址为 172.16.1.10，目的 IP 地址为 172.16.12.10。

第 1 步，将源 IP 地址 172.16.1.10 与子网掩码 255.255.255.0 进行"与"运算，获得主机 H1 的网络地址为 172.16.1.0；同理，将目的 IP 地址 172.16.12.10 与子网掩码 255.255.255.0 进行"与"运算，获得主机 H2 的网络地址 172.16.12.0。两个主机的网络地址不同，说明两个主机不在同一个网络中。需要通过路由器转发分组。

第 2 步，将数据包发送至路由器接口 1。路由器接口 1 的 IP 地址为主机 H1 的默认网关地址。

第 3 步，路由器 R1 收到数据包后，取出目的 IP 地址 172.16.12.10。用路由表中第 1 条记录中的子网掩码 255.255.255.0 与 172.16.12.10 相"与"运算，获得运算结果 172.16.12.0。与该条记录中的网络地址 172.16.1.0 比较，两个网络地址不匹配，则继续完成下一跳记录的运算、比较等操作。

第 4 步，用路由表中的第 2 条记录的子网掩码 255.255.255.0 与 172.16.12.10 相"与"运算，获得运算结果 172.16.12.0。与该条记录中的网络地址 172.16.12.0 比较，两个网络匹配，则将数据包直接交付主机 H3

（3）主机 H1 发送分组至主机 H4

主机 H1 发送分组至 H4 时，该数据包的源地址为 172.16.1.10，目的 IP 地址为 172.16.2.10。

第 1 步，比较主机 H1 及 H4 的网络地址，不匹配，则将数据包发送至路由器 R1。

第 2 步，路由器 R1 经过分别比较路由表第 1 条、第 2 条、第 3 条路由记录网络地址与数据包的目的网络地址，结果都不匹配。

第 3 步，取出数据包目的 IP 地址 172.16.2.10，用路由表中的第 4 条记录中的子网掩码 255.255.255.0 相"与"运算，获得运算结果 172.16.2.0。与该条记录中的网络地址 172.16.2.0 比较，两个网络地址匹配，则将数据包转发指明的下一跳路由器 R2。

第 4 步，路由器 R2 收到该数据包后，经过同样查询路由表过程，直接将该数据包交付 H4。

（4）主机 H1 发送分组至主机 H5

主机 H1 发送分组至 H5 时，该数据包的源地址为 172.16.1.10，目的地址为 202.68.72.10。

第 1 步，比较主机 H1 及 H5 的网络地址，结果不匹配，则将数据包发送至 R1。

第 2 步，路由器 R1 经过比较路由表中的逐条路由记录，发现路由表中的网络地址与数据包中的目的网络地址都不匹配。

第 3 步，按照默认路由，将数据包发送至 R1 的 S2/0 接口。

7.3.2 可变长子网掩码（VLSM）

可变长子网掩码（Variable Length Subnet Mask，VLSM）是指在同一网络范围内使用不同长度的子网掩码。前面介绍的划分子网是每个子网的主机数都相同，但是实际网络中，往往每个子网中连接的主机数量是不同的，并且可能数量相差很多。如果按照每个子网的主机数相同来划分子网，必须选择最大的主机数，这样一来势必造成主机数量少的网段地址浪费。

为了提高 IP 地址利用率，根据不同子网的主机规模来进行不同位数的子网划分，从而在网络内出现长度不同的子网掩码并存情况。

例如，某公司总部拥有 60 台机器，一个分公司拥有 30 台机器及一个办事处拥有 10 台机器，总部与分公司及办事处之间通过 ISP 的广域网链路相连，如图 7.8 所示。该企业只申请了一个 C 类网络 218.75.16.0/24。请规划网络地址。

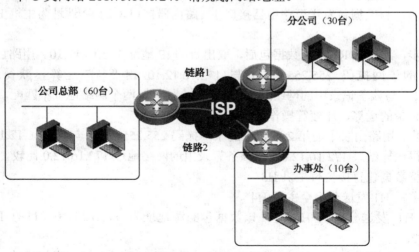

图 7.8 VLSM 应用实例

子网划分过程如下。

第 1 步，为满足总部网络规模的要求，对该网络进行 2 位长度的子网划分，可得到 4 个拥有 62 个主机规模的子网。其中 218.75.16.64 /26 分配给总部，如表 7.12 所示。

表 7.12　借 2 位划分子网（第 1 步）

子网号	借位	网络地址	地址范围	广播地址	主机数	用途
0#	00	218.75.16.0/26	218.75.16.1～218.75.16.62	218.75.16.63	62	未用
1#	01	218.75.16.64/26	218.75.16.65～218.75.16.126	218.75.16.127	62	总部
2#	10	218.75.16.128/26	218.75.16.129～218.75.16.190	218.75.16.191	62	备用
3#	11	218.75.16.192/26	218.75.16.193～218.75.16.254	218.75.16.255	62	未用

第 2 步，对 2#子网（218.75.16.128/26）再进行 1 位长度的子网划分，得到 2 个主机规模为 30 的子网。一个子网（218.75.16.64/27）给分公司，另冗余一个主机规模 30 台的子网（218.75.160/27）备用，如表 7.13 所示。

表 7.13　再借 1 位划分子网（第 2 步）

子网号	借位		网络地址	地址范围	广播地址	主机数	用途
0#	00		218.75.16.0/26	218.75.16.1～218.75.16.62	218.75.16.63	62	未用
1#	01		218.75.16.64/26	218.75.16.65～218.75.16.126	218.75.16.127	62	总公司
2#	10	0	218.75.16.128/27	218.75.16.129～218.75.16.158	218.75.16.159	30	分公司
3#	10	1	218.75.16.160/27	218.75.16.161～218.75.16.190	218.75.16.191	30	备用
4#	11		218.75.16.192/26	218.75.16.193～218.75.16.254	218.75.16.255	62	未用

第 3 步，为满足远程办事处网络的需求，再对一个 218.75.16.160/27 进行 1 位长度的子网划分，得到 2 个主机规模为 14 台的更小的子网，其中的子网 218.75.16.160/28 分配给远程办事处，另冗余一个子网 218.75.16.176/28 备用，如表 7.14 所示。

表 7.14　再借 1 位划分子网（第 3 步）

子网号	借位			网络地址	地址范围	广播地址	主机数	用途
0#	00			218.75.16.0/26	218.75.16.1～218.75.16.62	218.75.16.63	62	未用
1#	01			218.75.16.64/26	218.75.16.65～218.75.16.126	218.75.16.127	62	总公司
2#	10	0		218.75.16.128/27	218.75.16.129～218.75.16.158	218.75.16.159	30	分公司
3#	10	1	0	218.75.16.160/28	218.75.16.161～218.75.16.174	218.75.16.175	14	办事处
4#	10	1	1	218.75.16.176/28	218.75.16.177～218.75.16.190	218.75.16.191	14	备用
5#	11			218.75.16.192/26	218.75.16.193～218.75.16.254	218.75.16.255	62	未用

第 4 步，为了得到 2 个主机规模为 2 的子网供 2 条广域网链路使用，需要对子网 218.75.16.176/28 进行进一步划分，从其主机位再借出 2 位，可得到 4 个主机规模为 2 的子网，拿出其中的两个供 2 条广域网链路使用，如表 7.15 所示。

表 7.15　再借 2 位划分子网（第 4 步）

子网号	借位		网络地址	地址范围	广播地址	主机数	用途
0#	00		218.75.16.0/26	218.75.16.1～218.75.16.62	218.75.16.63	62	未用
1#	01		218.75.16.64/26	218.75.16.65～218.75.16.126	218.75.16.127	62	总公司

子网号	借位				网络地址	地址范围	广播地址	主机数	用途
2#	10	0			218.75.16.128/27	218.75.16.129～218.75.16.158	218.75.16.159	30	分公司
3#	10	1	0		218.75.16.160/28	218.75.16.161～218.75.16.174	218.75.16.175	14	办事处
4#	10	1	1	00	218.75.16.176/30	218.75.16.177～218.75.16.178	218.75.16.179	2	链路1
5#	10	1	1	01	218.75.16.180/30	218.75.16.181～218.75.16.182	218.75.16.183	2	链路2
6#	10	1	1	10	218.75.16.184/30	218.75.16.185～218.75.16.186	218.75.16.187	2	备用
7#	10	1	1	11	218.75.16.188/30	218.75.16.189～218.75.16.190	218.75.16.191	2	备用
8#	11				218.75.16.192/26	218.75.16.193～218.75.16.254	218.75.16.255	62	未用

经过以上分析,地址规划如下。

（1）公司总部

网络地址为218.75.16.64,广播地址为218.75.16.127,可用IP地址范围是218.75.16.65～218.75.16.126，子网掩码为255.255.255.192，可用地址数量62>60满足需求。

（2）分公司

网络地址为 218.75.16.128，广播地址为 218.75.16.159，可用 IP 地址范围是218.75.16.129～218.75.16.158，子网掩码为255.255.255.224，可用地址数量30满足需求。

（3）办事处

网络地址为 218.75.16.160，广播地址为 218.75.16.175，可用 IP 地址范围是218.75.16.161～218.75.16.174，子网掩码为255.255.255.240，可用地址数量14>10满足需求。

（4）链路1

网络地址为 218.75.16.176，广播地址为 218.75.16.179，可用 IP 地址范围是218.75.16.177～218.75.16.178，子网掩码为255.255.255.252，可用地址数量2满足需求。

（5）链路2

网络地址为 218.75.16.180，广播地址为 218.75.16.183，可用 IP 地址范围是218.75.16.181～218.75.16.182，子网掩码为255.255.255.252，可用地址数量2满足需求。

其余地址为备用地址。如果网络设备支持零子网功能，可用地址更多。

7.3.3 构造超网

构造超网是指将几个分类网络聚合成一个网络的技术，也称为无类型域间路由选择CIDR（Classless Inter-Domain Routing）。能够减少路由表记录数量，提高路由器工作效率。

大家知道，路由表记录了目的网络号及去往该目的网络的下一跳地址等信息。互联网络中网络数越多，路由表的记录数也越多，需要的存储器容量就越大，查找路由时需要的时间就越长。同时路由器间交换路由信息的信息量也在增大，占用更多的网络带宽。因此，由于网络数增多，路由器及网络的效率变低。

▶1. CIDR 地址概述

通过前面的学习，我们知道最初 IP 地址是按照分类 IP 地址设计和使用的，但是当用户申请一个网络地址时，对于大多数机构或团体来说，默认 B 类地址所提供的地址范围通常超出其需要，而 C 类地址所提供的地址数量又太少，无法满足需求。因此，这些机构只能选择 B 类地址，造成 IP 地址大量浪费。为了减少 IP 地址被浪费，提高 IP 地址利用率（尤其是 B 类地址），采用了划分子网方法。当大量的 B 类地址分配完毕后，如果用户申请 IP 地址时，并且一个 C 类地址的 IP 地址数量无法满足需要时，就必须申请连续几个 C 类 IP 地址，才能满足用户需求。但是这样做也存在一个问题，就是申请的每一个 C 类地址在路由表中都要占用一条记录，使得路由表变大，路由器效率降低。

CIDR 与传统的 A 类、B 类、C 类以及划分子网等不同。直接将网络 IP 地址分为网络前缀和主机号，如图 7.9 所示。CIDR 支持地址汇总或汇聚，并且 IP 地址分配更加灵活，不受分类 IP 地址限制。CIDR 还使用"斜线标记法"，即在 IP 地址后面加上斜线"/"，然后写上网络前缀所占的位数。

如：200.12.1.1/22，表示 IP 地址 200.12.1.1 的前 22 位是网络前缀。

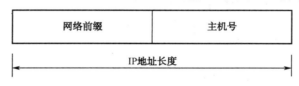

图 7.9　CIDR 中 IP 地址格式

▶2．CIDR 地址块

CIDR 将网络前缀都相同的连续的 IP 地址组成一个"CIDR 地址块"。我们只要知道 CIDR 地址块中的任何一个地址，就能计算出这个地址块的最小地址（起始地址）和地址块中的地址数。

例如，已知一个 IP 地址 200.12.1.1/22 是 CIDR 地址块中的一个地址。将它写成二进制时，其中前 22 位（下画线所表示的）表示网络前缀，而前缀后面 10 位表示主机号：
200.12.1.1/22=<u>11001000 00001100 000000</u>01 0000000。

这个地址所在的地址块中的最小和最大地址可以很方便地计算出：

最小地址=200.12.0.0=<u>11001000 00001100 000000</u>00 0000000；

最大地址=200.12.3.255=<u>11001000 00001100 000000</u>11 11111111；

共计 2^{10}=1024 个地址。可用地址范围是 200.12.0.1～200.12.3.254。

这个地址块相当于 4 个 C 类地址，具体如下：

第 1 个 C 类地址范围：200.12.0.0～200.12.0.255；

第 2 个 C 类地址范围：200.12.1.0～200.12.1.255；

第 3 个 C 类地址范围：200.12.2.0～200.12.2.255；

第 4 个 C 类地址范围：200.12.3.0～200.12.3.255。

若使用分类表示法，那么，在路由表中将有 4 条记录，网络地址分别是 200.12.0.0、200.12.1.0、200.12.2.0、200.12.3.0，网络掩码为 255.255.255.0。现在使用 CIDR 地址块表示法，则在路由表中只有一条记录，网络地址是 200.12.0.0，网络掩码为 255.255.252.0，也可以表示为 200.12.0.0/22。可见使用 CIDR 后，路由表的大小明显减小了，实现了路由聚合功能，如图 7.10 所示。

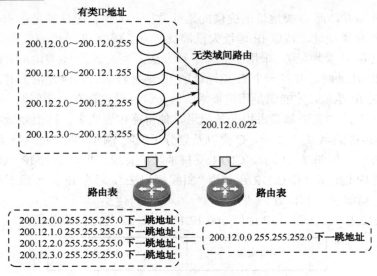

图 7.10　CIDR 路由聚合

常用的 CIDR 地址块中网络前缀范围在 13～27 位之间，如表 7.16 所示。

表 7.16　常用的 CIDR 地址块

CIDR 前缀长度	点分十进制	包含的地址数	相当于包含分类的网络数
/13	255.248.0.0	512K	8 个 B 类或 2048 个 C 类
/14	255.252.0.0	256K	4 个 B 类或 1024 个 C 类
/15	255.254.0.0	128K	2 个 B 类或 512 个 C 类
/16	255.255.0.0	64K	1 个 B 类或 256 个 C 类
/17	255.255.128.0	32K	128 个 C 类
/18	255.255.192.0	16K	64 个 C 类
/19	255.255.224.0	8K	32 个 C 类
/20	255.255.240.0	4K	16 个 C 类
/21	255.255.248.0	2K	8 个 C 类
/22	255.255.252.0	1K	4 个 C 类
/23	255.255.254.0	512	2 个 C 类
/24	255.255.255.0	256	1 个 C 类
/25	255.255.255.128	128	1/2 个 C 类
/26	255.255.255.192	64	1/4 个 C 类
/27	255.255.255.224	32	1/8 个 C 类

3. CIDR 地址块应用实例

　　假设你所在公司最近刚刚合并了几家小公司，而这些小公司都有自己的网络。现在，你需要将这些网络与公司原有的网络整合在一起，并需要使这些网络的所有主机都能够访问内部网络资源和外部网络资源。同时，整合后的网络性能和服务水平比以前的网络更佳。你将使用 CIDR 向 Internet 通告这些网络，如图 7.11 所示。具体网络地址如下：

　　原公司为 172.16.0.0/28；

　　公司 A 为 172.16.1.48/28；

公司 B 为 172.16.1.176/28；
公司 C 为 172.16.1.160/28；
公司 D 为 172.16.1.128/28；
公司 E 为 172.16.1.144/28。

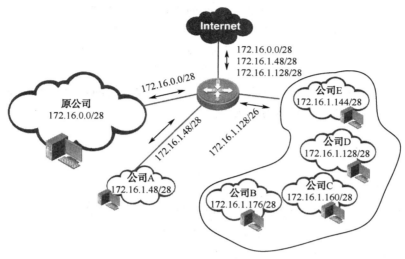

图 7.11　CIDR 应用实例

上述的公司网络地址转换为二进制形式如下：

原公司为 172.16.0.0/28=10101100.00010000.00000000.00000000；

公司 A 为 172.16.1.48/28=10101100.00010000.00000001.00110000；

公司 B 为 172.16.1.176/28=<u>10101100.00010000.00000001.10</u>110000；

公司 C 为 172.16.1.160/28=<u>10101100.00010000.00000001.10</u>100000；

公司 D 为 172.16.1.128/28=<u>10101100.00010000.00000001.10</u>000000；

公司 E 为 172.16.1.144/28=<u>10101100.00010000.00000001.10</u>010000。

　　从以上地址中可以看出，你所在的公司地址 172.16.0.0/28 和公司 A 地址 172.16.1.48/28 这两个地址因差别太大而无法进行汇聚，其他（带下划线的）的 4 个地址直到第 26 位都相同，因此可以汇聚在一起。根据前面所讨论的方法，得到其 CIDR 汇聚地址为 172.16.1.128/26。这样，这个网络与外界 Internet 连接的路由器中路由表内有三条记录，对应网络地址为：172.16.1.128/26、172.16.1.48/28、172.16.0.0/28。

　　如果不使用 CIDR，路由表中将存储 6 条记录。可见 CIDR 使得路由表的大小减小了。

 提示

机构必须对要汇聚的网络拥有超网的完整地址块，否则将会发生地址冲突。

7.4　应用实践

7.4.1　背景描述

假定你的客户拥有一个完整的 C 类地址：220.14.56.0。目前他们使用默认 C 类子网掩码为 255.255.255.0 的平面网络，并且用一个路由器连接到 Internet。

为了更好地控制广播流量，他们希望将网络分段。目前网络中有 4 个工作组，用以太网集线器连接在一起。对其平面网络进行评估后有如下发现。

（1）管理工作组中包括 15 个工作站，主要访问 1 台文件与 E-mail 组合服务器。

（2）技术工作组中包括 23 个工作站，访问 2 台文件服务器和 1 台数据库服务器。

（3）仓库工作组中包括 3 个工作站，访问 1 台数据库服务器。

（4）执行主管工作组中包括 4 个工作站，访问 1 台 E-mail 服务器。

（5）未来 5 年内预计有 10%的增长量。

请你根据工作组对网络进行分段，将每个工作组要访问的主要服务器放置在该工作组的网段内，并且规划整个网络的 IP 地址。

7.4.2 任务实施

▶1. 任务分析

根据上述评估情况可以知道，4 个工作组目前需要的 IP 地址数量如下。

（1）管理组，15 个工作站+1 台服务器，共计 16 个 IP 地址。考虑到未来 5 年的增长量，则 18 个 IP 地址可满足需要。

（2）技术组，23 个工作站+3 台服务器，共计 26 个 IP 地址。考虑到未来 5 年的增长量，则 29 个 IP 地址可满足需要。

（3）仓库组，3 个工作站+1 台服务器，共计 4 个 IP 地址。考虑到未来 5 年的增长量，则 5 个 IP 地址可满足需要。

（4）执行主管组，4 个工作站+1 台服务器，共计 5 个 IP 地址，考虑到未来 5 年的增长量，则 6 个 IP 地址可满足需要。

▶2. 划分子网

从上述分析来看，共计需要 4 个子网，每个子网的主机数小于 29。我们可以借用 3 位，划分 8 个子网，有 6 个可用子网；每个子网最大主机数为 32，能够有 30 个可用 IP 地址。

具体步骤如下。

（1）根据前面介绍的方法，划分子网及各子网的 IP 地址，其分配如表 7.17 所示。

表 7.17　C 类子网划分（第 1 步）

C 类地址 220.14.56.0		子网掩码：255.255.255.224		备注
子网 ID	网络地址	子网可用地址范围	广播地址	
1	220.14.56.0	220.14.56.1～220.14.56.30	220.14.56.31	未用
2	220.14.56.32	220.14.56.33～220.14.56.62	220.14.56.63	技术组
3	220.14.56.64	220.14.56.65～220.14.56.94	220.14.56.95	管理组
4	220.14.56.96	220.14.56.97～220.14.56.126	220.14.56.127	备用
5	220.14.56.128	220.14.56.129～220.14.56.158	220.14.56.159	备用
6	220.14.56.160	220.14.56.161～220.14.56.190	220.14.56.191	备用

续表

C 类地址 220.14.56.0		子网掩码：255.255.255.224		备注
子网 ID	网络地址	子网可用地址范围	广播地址	
7	220.14.56.192	220.14.56.193～220.14.56.222	220.14.56.223	备用
8	220.14.56.224	220.14.56.225～220.14.56.254	220.14.56.255	未用

（2）为了提高 IP 地址的利用率，将 220.14.56.96/27 网络进一步划分子网。再借 2 位，划分 4 个子网，如表 7.18 所示。

表 7.18　C 类子网划分（第 2 步）

C 类地址 220.14.56.96		子网掩码：255.255.255.248		备注
子网 ID	网络地址	子网可用地址范围	广播地址	
1	220.14.56.96	220.14.56.97～220.14.56.102	220.14.56.103	未用
2	220.14.56.104	220.14.56.105～220.14.56.110	220.14.56.111	仓库组
3	220.14.56.112	220.14.56.113～220.14.56.118	220.14.56.119	主管组
4	220.14.56.120	220.14.56.121～220.14.56.126	220.14.56.127	未用

经过计算，最后各组的 IP 地址分配如下：

（1）管理组，网络地址为 220.14.56.64，广播地址为 220.14.56.95，可用子网地址范围为 220.14.56.65～220.14.56.94，子网掩码为 255.255.255.224。

（2）技术组，网络地址为 220.14.56.32，广播地址为 220.14.56.63，可用子网地址范围为 220.14.56.33～220.14.56.62，子网掩码为 255.255.255.224。

（3）仓库组，网络地址为 220.14.56.104，广播地址为 220.14.56.111，可用子网地址范围为 220.14.56.105～220.14.56.110，子网掩码为 255.255.255.248。

（4）执行主管组，网络地址为 220.14.56.112，广播地址为 220.14.56.119，可用子网地址范围为 220.14.56.113～220.14.56.118，子网掩码为 255.255.255.248。

其余地址 220.14.56.96～220.14.56.223 备用。

练习题

1. 选择题

（1）在网络地址规划设计中，进行 IP 地址子网划分的目的是（　　）。

  A．路由聚合   B．提高 IP 地址空间利用率

  C．扩大节约 IP 地址   D．加快转发速率

（2）IP 路由表通常包含三项内容，它们是目的网络地址、（　　）和下一跳地址。

  A．主机 IP 地址 B．接口 IP 地址   C．子网掩码   D．路由来源

（3）一个 IP 地址为 202.56.18.177，子网掩码为 255.255.255.240，其网络地址是（　　）。

  A．202.56.18.0   B．202.56.18.128

  C．202.56.18.160   D．202.56.18.176

（4）一个 IP 地址为 192.168.1.164，子网掩码为 255.255.255.192，其本地广播地址是（　　）。

  A．192.168.1.255 B．192.168.1.175 C．192.168.1.143 D．192.168.1.47

（5）网络地址为 214.19.6.0，子网掩码为 255.255.255.248，其最大可用主机数是（　　）。

  A．254   B．30   C．16   D．6

2．简答题

（1）举例说明子网划分的作用。

（2）举例说明 VLSM 的优势。

（3）描述 VLSM 及 CIDR 异同点。

寻址最优路径——网络层

本章导入

Internet 网络通过路由器将不同类型的多个网络互相连接起来，形成互联网络。IP 协议实现在互联网络中主机间传递数据报。IP 数据报在向目的主机传递途中要经历多个网络、多条路径，最后到目的主机。那么，如何选择去往目的网络的最优路径呢？这成为网络层面临的又一个重要问题。

本章就这方面问题进行比较详细的讨论，希望通过本章的学习，读者能够对网络中路由的概念、路由选择协议及相关知识有一定了解，为后续学习奠定基础。

8.1　提出问题

某用户所在公司由于业务发展需要，原网络规模已不能满足需求。公司决定扩大网络规模，并且将原网络中的静态路由配置改为动态路由协议配置，以适应网络变化及发展。请你帮助评估该网络运行情况，并提出局域网络路由配置方案。

8.2　工作任务

本章节中，通过学习将完成如下工作任务：
（1）比较静态路由、动态路由协议 RIP 及 OSPF 的异同；
（2）提出解决小型局域网一般性故障方案。

8.3　预备知识

8.3.1　路由概述

1. Inernet 传递数据报概述

在学习了 IP 数据报格式及 IP 地址的相关知识之后，我们将进一步讨论 IP 分组在从源主机到达目的主机的过程中如何交付与路由选择的问题。所谓的分组交付是指在互联网络中将分组从一个结点转发到另一个结点的传递行为。分组交付可以分为直接交付和间接交付。

（1）直接交付

我们把在同一个网络中将分组直接传递至目的主机的行为称为直接交付。直接交付过程中不经过任何路由器，而是通过数据链路直接传递数据报，如图 8.1 所示。

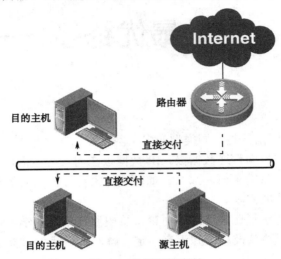

图 8.1　分组直接交付

（2）间接交付

为了将分组传递到不同网络的目的主机，而把分组交付到下一跳路由器的行为称为间接交付。在间接交付过程中，分组可能通过一个或几个由路由器连接到网络。经过路由器时目的 IP 地址被取出，查询路由表找出下一跳路由器的 IP 地址后，然后分组被传送至下一个路由器。当分组到达与目的主机所在网络相连的最后一个路由器时，分组被直接交付，如图 8.2 所示。

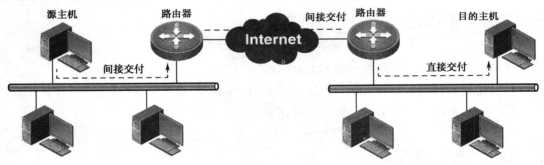

图 8.2　分组间接交付

2．路由分类

在间接交付过程中，路由器需要查询路由表中的路由后决定下一跳路由器的地址。路由器表中的路由分为四种类型。

（1）直连路由

直连路由是指路由器通过接口获得去往该接口所连接网络的路由。配置时只要该接口设置了 IP 地址及子网掩码，并且使接口处于 UP 状态，路由器就会在路由表中建立一条路由。由于该网络直接连接路由器接口，所以此条路由可信度最高。

（2）静态路由

静态路由是指网络管理员手工配置的路由。这种路由的优点是减少了路由器的额外开销，在路由器之间更新信息时不需要使用带宽，同时增加了安全性。缺点是管理员工作量大，容易出错，不能随网络拓扑变化而自动更新路由表。不宜在大型网络中使用。

（3）动态路由

动态路由是指动态路由协议经过在路由器之间交换路由信息产生的路由。优点是跟随网络拓扑变化而自动更新路由表。缺点是路由器之间交换路由信息占用网络带宽，存在安全问题。适合于大、中型网络。

（4）默认路由

默认路由也是一种管理员手工配置的路由，放置在路由表中最后位置，任何未匹配的数据报都将按照默认路由指出的下一跳 IP 地址转发。

在如图 8.3 所示的一个由三个路由器连接的互联网络中，每个路由表中都有两条直连路由，其他两条为间接路由。获得这两条路由的途径可能是静态、动态等。

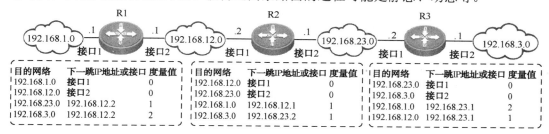

图 8.3　路由表

8.3.2　路由协议概述

1. 初期网络结构

在 Internet 发展初期，用于连接不同类型网络的路由器可分成两种类型，如图 8.4 所示。

图 8.4　初期 Internet 网络结构

（1）核心路由器

核心路由器主要用于 Internet 主干网络，这些路由器构成了 Internet 网络核心，为 Internet 所有其他网络实现连通。这些路由器使用网关到网关协议（GGP）交换路由信息。

（2）接入路由器

接入路由器用于将本地局域网连接到 Internet 主干网络。这类路由器数量较多。

2．后期网络结构

随着 Internet 网络的持续发展，不断有新的网络通过路由器连接到 Internet，并且逐渐发展成为若干个相对独立的网络集合。我们把这些相对独立的网络称为自治系统（Autonomous System，AS）。

自治系统是指由一个单位管理的一组路由器，而这些路由器使用一种自治系统内部的路由选择协议（如 RIP、OSPF 等）和共同的度量以确定分组在该自治系统内的路由。同时还使用一种自治系统之间的路由选择协议（如 BGP）用以确定分组在自治系统之间的路由，如图 8.5 所示。

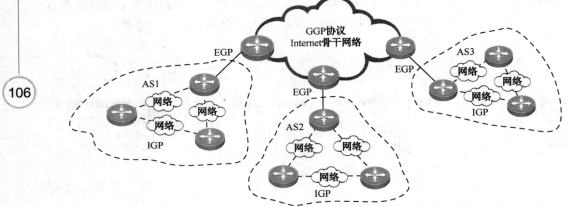

图 8.5　后期 Internet 网络结构

为了区分不同的自治系统，Internet 管理信息中心为每个自治系统分配一个唯一的识别码，即自治系统编号。

3．网关协议

网关协议分为内部网关协议 IGP 和外部网关协议 EGP。

（1）内部网关协议 IGP

内部网关协议 IGP（Interior Gateway Protocol）是指在自治系统内部路由器之间使用的动态路由选择协议，该协议用于在自治系统内部交换路由更新信息，如：RIP、OSPF、IS-IS 等协议。一个自治系统选择什么样的路由选择协议与另一个自治系统无关。

（2）外部网关协议 EGP

外部网关协议 EGP（External Gateway Protocol）是指一个自治系统与另一个自治系统之间使用的路由选择协议，该协议用于在自治系统之间交换路由选择信息，如：BGP-4。

4．路由协议分类

计算机网络中使用的动态路由选择协议有两种类型：距离向量路由协议（算法）和链路状态路由协议（算法）。

（1）距离向量路由协议（算法）

距离向量路由协议是指一个路由器通过向邻居路由器发送所有路由表信息，邻居路由器收到这些路由信息后，以跳数为度量值计算到达目的网络的最佳路径，产生自己的路由表的路由选择协议。

优点：算法简单，占用 CPU 资源少，是一种应用较早的典型内部网关路由选择协议。

缺点：路由器之间交换路由更新信息量较多，收敛速度慢，容易产生路由环路问题。

应用：适合中、小型网络。

（2）链路状态路由协议（算法）。

链路状态路由协议是指每个路由器将自己的链路状态（如链路带宽、邻居、端口状态等）通告给域内所有路由器，每个路由器将收到的其他路由器链路状态信息放入一个链路状态数据库中，然后运用最短路径优先算法计算出去往所有目的网络的最佳路径，产生自己的路由表的路由选择协议。

优点：无路由环路问题，收敛速度快，可以将自治系统分成几个区域，优化路由管理。

缺点：CPU 开销比较大。

应用：适合大、中型网络。

8.3.3　动态路由协议 RIP

▶ 1. RIP 协议概述

路由信息协议 RIP（Routing Information Protocol）是内部网关协议 IGP 中最先得到广泛应用的协议。RIP 是一种基于距离向量的路由选择协议。

RIP 协议的"距离"是指本路由器到达目的网络所需要经历的路由器个数，有时也称为"跳数"。到达直接连接网络的距离定义为 0 跳。每经过一个路由器跳数加 1。最大跳数为 15 跳，跳数等于 16 表示不可达。所有 RIP 协议适合于中、小型互联网络。

RIP 协议只能选择一条到达目的网络的最佳路径，并且以跳数作为衡量路径好坏的唯一标准。

RIP 协议在交换路由更新信息时，仅与邻居路由器交换信息。不相邻的路由器不能交换路由信息。路由器交换的信息是指当前本路由器所知道的全部信息，即将自己的路由表发送给邻居路由器。路由表中路由记录包括目的网络、子网掩码、下一跳地址、度量值等，其中度量值表示到达目的网络的路径成本。路由器按固定时间交换路由信息，默认情况下，每隔 30 秒更新一次路由信息。当网络拓扑发送变化时，路由器也及时向邻居路由器通告拓扑发生变化后的路由信息。当自治系统内的全部路由器都获得了去往所有目的网络的路由后，我们将此时的网络状态称为达到"收敛"状态。

▶ 2. RIP 协议报文格式

RIP 协议包含三个版本，分别是 IPv4 的 RIPv1 和 RIPv2，IPv6 的 RIPng。

RIP 报文使用传输层的用户数据报 UDP 进行传输，端口号为 520，如图 8.6 所示。关于用户数据报 UDP 端口号等相关知识后续章节会介绍。

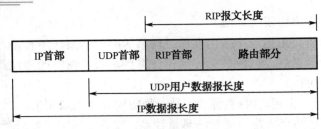

图 8.6 RIP 报文封装

RIPv1 和 RIPv2 报文格式中，RIP 报文首部相同，只是路由部分有所不同。

（1）RIPv1 报文格式

RIPv1 报文格式如图 8.7 所示。

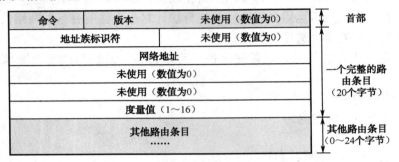

图 8.7 RIPv1 报文格式

其中各部分的含义如下。

命令：1 或 2，表示报文的类型。1 表示该报文是请求报文。2 表示该报文是响应报文。

版本：1 表示 RIPv1 版本。

地址族标识符：表示所使用的地址协议。2 表示 IP 协议。

网络地址：目的网络地址。

度量值：在 RIP 中表示到达目的网络需要的跳数。

每个路由部分需要用 20 个字节，一个 RIP 报文最多可包含 25 个路由，因此 RIP 报文的最大长度是 4（首部）+20 字节/每个路由×25 = 504 字节。若超出该范围，必须再用一个 RIP 报文来传输。

（2）RIPv2 报文格式

RIPv2 报文格式如图 8.8 所示。

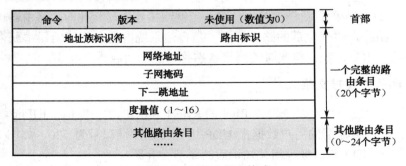

图 8.8 RIPv2 报文格式

其中各部分的含义如下。

命令：1 或 2，表示报文的类型。1 表示该报文是请求报文。2 表示该报文是响应报文。

版本：2 表示 RIPv2 版本。

地址族标识符：表示所使用的地址协议。2 表示 IP 协议。

路由标识：标识外部路由或重分部路由的自治系统编号。

网络地址：目的网络地址。

子网掩码：用于确定网络地址的二进制数，"1"表示网络部分，"0"表示主机部分。

下一跳地址：表示到达目的网络的下一个路由器地址。

度量值：在 RIP 中表示到达目的网络需要的跳数。

（3）RIPv2 验证报文格式

为了加强路由器之间的安全性，防止非法用户获得路由信息。RIPv2 具有验证功能，通过验证才能获得路由信息，未通过验证者不能获得路由信息。具有验证功能的 RIPv2 报文格式如图 8.9 所示。

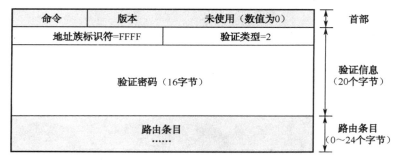

图 8.9　带有验证功能的 RIPv2 报文格式

若设置了 RIP 验证功能，RIPv2 报文的第 1 个路由部分中的地址族标识符字段设置为 FFFF，验证类型设置为 2，表示简单验证类型（目前只支持此类型）。剩余的 16 个字节为纯文本密码。从第 2 个路由部分开始传输路由信息。

从上述报文格式看出，RIPv1 和 RIPv2 的报文格式有一定差别，RIPv1 报文中不携带子网掩码，RIPv2 报文中携带子网掩码。两者在应用特性上也有所不同。

RIPv1 不支持 VLSM，以广播形式发送更新报文，不可关闭自动汇总功能，不支持手工汇总，不支持路由验证功能。

RIPv2 支持 VLSM，以组播形式发送更新报文，可关闭自动汇总功能，支持手工汇总，支持路由验证功能。

2. RIP 协议算法

对每一个相邻路由器发过来的 RIP 报文，进行如下处理。

1）修改度量值

对地址为 X 的相邻路由器发来的 RIP 报文，先将此报文中的所有路由信息的"下一跳"地址修改为 X，并把所有路由信息的"距离"字段内容加 1。

2）修改路由表

对修改后的 RIP 报文中的每一项路由，进行如下处理。

（1）路由表中没有的路由处理

若原来的路由表中没有目的网络 N，说明此条路由是新路由，需要添加到路由表中，则把该项路由添加到路由表中，否则按（2）处理。

（2）路由表中已有的路由处理（来源相同）

对于路由表中已有的路由，需要比较路由来源。若路由表中的路由下一跳地址也是 X，说明收到的路由与路由表中的路由来源相同，以最后收到的路由为准，则用新收到的路由项目替换原路由表中的原路由项目，否则按（3）处理。

（3）路由表中已有的路由处理（来源不相同）

对于路由表中已有的路由，若来源不同，则比较度量值。若收到的路由项目的度量值（跳数）小于路由表中的度量值（跳数），则进行更新，否则什么也不做。

3）修改不可达标识

若 3 分钟还没有收到邻居路由器的更新报文，则把此邻居路由器记为不可达的路由器，即把度量值设置为 16。

下面以图 8.10 所示网络为例说明 RIP 工作过程。

（1）修改度量值

每台路由器初始化的路由表中只有自己的直连路由，当路由器 R1 的更新时间（30 秒）到达时，路由器 R1 向外广播自己的路由表。这时，R1 发出的路由更新信息中只有直连路由，其跳数在路由表中记录的跳数基础上加 1，也就是到达网络 1.0.0.0/8 和 12.0.0.0/8 的跳数为 1。

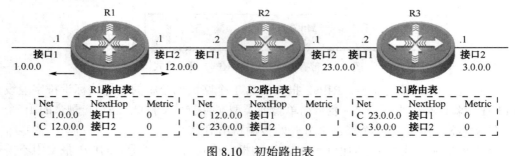

图 8.10　初始路由表

（2）添加新路由

路由器 R2 将收到这个更新报文，经查询路由表中无此路由，则它会把到达目标网络 1.0.0.0/8 的路由添加到自己的路由表中，跳数为 1，下一跳地址为发送更新报文的路由器端口地址 12.0.0.1，如图 8.11 所示。

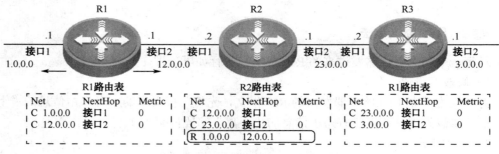

图 8.11　路由器 R2 添加新路由

路由器 R3 收到路由更新报文后同样会将到达目标网络 1.0.0.0/8 和 12.0.0.0/8 的路由添加到自己的路由表中，跳数分别是 2 和 1，下一跳地址为发送更新报文的路由器端口地址 23.0.0.1，如图 8.12 所示。

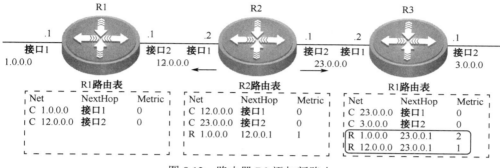

图 8.12　路由器 R3 添加新路由

（3）修改已有路由

路由器 R3 的更新计时器到时间后，它以广播方式发送更新报文。修改后的更新报文中到达目标网络 23.0.0.0/8 和 3.0.0.0/8 的跳数为 1，到达目标网络 12.0.0.0/8 的跳数为 2，到达目标网络 1.0.0.0/8 的跳数为 3。

路由器 R2 收到这个更新报文后，比较去往 23.0.0.0 网络的路由，由于路由表中的此条路由度量值为 0，故保留；比较去往 12.0.0.0 网络的路由，由于路由表中的此条路由度量值为 0，故保留；比较去往 1.0.0.0 网络的路由，由于路由表中的此条路由度量值为 1<3，故保留；比较去往 3.0.0.0/8 网络的路由，由于路由表中无此路由，故添加此路由。

同理，R1 也会学到相应的路由。最终，这个 RIP 网络达到稳定状态，收敛过程完毕，如图 8.13 所示。

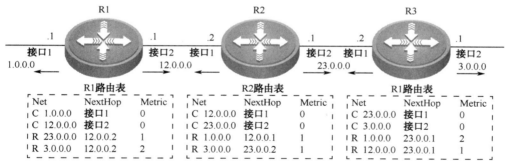

图 8.13　收敛路由表

3. RIP 环路问题

当路由失效时，RIP 网络需要较长时间才能将此消息传递到整个网络。但是，在网络中的每台路由器都获得失效路由之前，距离矢量路由协议有可能会使网络产生路由环路。

当路由器 R3 发现直连路由 3.0.0.0/8 故障时，就将其从路由表中删除，然后向外通告相应的失效路由信息，如图 8.14 所示。

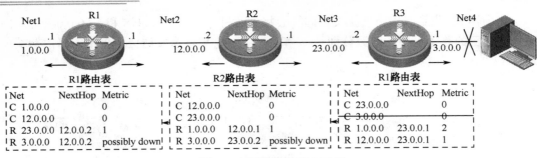

图 8.14 网络故障路由更新

但是，如果在 R3 将这条失效路由通告发送给 R2 之前，R2 恰好更新计时器超时，已将 R2 路由表通告给 R1 和 R3，这时路由器 R3 将认为可以通过 R2 到达网络 3.0.0.0/8，跳数为 2，于是错误地将这条路由添加到了自己的路由表中，如图 8.15 所示。

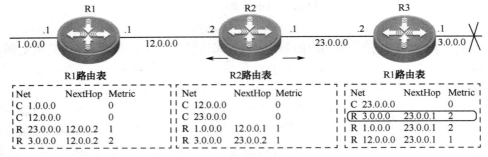

图 8.15 R3 错误地构造了路由表

当路由器 R3 的更新计时器也到时间后，它也会广播自己的路由表，因此路由器 R2又从 R3 那里收到了到达目标网络 3.0.0.0/8 的路由信息。根据 RIP 路由协议更新原则，这条路由虽然跳数增大了，但是与路由表中原本的路由条目来源相同，因此也更新路由表，且跳数加 1 变为 3，如图 8.16 所示。

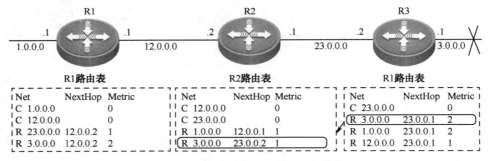

图 8.16 R3 通告错误的路由更新信息

当路由器 R2 的更新计时器超时后，它也向外广播错误的路由更新信息，又导致路由器 R1 和 R3 再次获得错误的路由更新信息，都将自己的路由表中到达目标网络 3.0.0.0/8的路由跳数更新为 4，如图 8.17 所示。这个过程不断循环，直到所有的路由表中到达目标网络 3.0.0.0/8 的度量值都变成了 16 才会停止，也就是计数到了无穷大。那时，更新计时器超时后，会从路由表中把这条路由删除。

图 8.17 路由器计数到无穷大

从以上过程可以看出，路由环路消耗了大量网络带宽，所以应当避免出现路由环路情况。

4. 防止环路措施

为了防止路由环路，RIP 路由协议采用水平分割（Split Horizon）、触发更新（Trigger Update）、毒性反转（Poison Reverse）和时间抑制（Holddown Timer）4 种机制。

（1）水平分割

从以上分析可以看出，之所以会产生路由环路，是因为路由器 R2 将从路由器 R3 学习到的路由又通告给了路由器 R3 了，这是不必要的。为了防止路由环路，路由器 R2 不能将从路由器 R3 学习到的路由信息再通告路由器 R3，同样也不能将从路由器 R1 学习到的路由信息再通告给路由器 R1，这种方法就是水平分割机制，如图 8.18 所示。

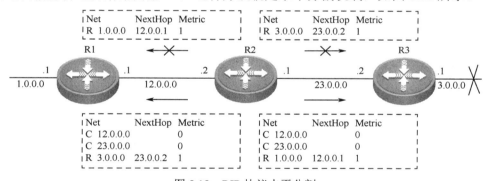

图 8.18 RIP 协议水平分割

这样，如果路由器 R3 的直连网络 3.0.0.0/8 出现故障，它将不可能再从路由器 R2 学习到达该网络 3.0.0.0/8 的路由信息，这样可以很好地阻止路由环路问题。等到路由器 R3 向外通告相应的故障路由时，网络中的路由器就可以构建正确的路由表了。

（2）触发更新

只有水平分割是不够的，一旦路由失效，更新报文应尽快发布出去。当路由表发生变化时，更新报文也应当立即广播给相邻路由器，而不是等待 30 秒直到下一个更新周期。这样才能让每台路由器都尽快地学习到路由表的变化，以防止计数到无穷大。RIP 的触发更新机制就是当 RIP 路由器在改变一条路由度量值时立即广播一条更新报文，而不管更新计时器是否到了超时时间（30 秒）。

（3）毒性反转

毒性反转是指当路由器学习到一条无效路由（度量值为 16）时，对这条路由忽略水平分割规则，并通告无效路由（度量值为 16）。如图 8.19 所示，当路由器直连网络 3.0.0.0/8 失效时，R3 立即启动（触发）包含 3.0.0.0/8 的路由更新报文，仅包含变化的路由信息，也就是 3.0.0.0/8 的毒性化路由信息。

路由器 R2 收到这个更新报文后，修改自己的路由表，并立即发送包含 3.0.0.0/8 的度量值为 16 的更新报文，这是毒性反转。到了路由器 R3 的下一个更新周期时，R3 会通告所有路由信息，包括 3.0.0.0/8 的毒化路由信息；同样，路由器 R2 到达下一个更新周期时，也会通告包含 3.0.0.0/8 的毒化路由信息的所有路由信息。

路由器 R3 通告的毒化路由不被认为是毒性反转路由，因为它本身就应当通告这条路由，而路由器 R2 通告的毒化路由则被认为是毒性反转路由，因为它把这条路由又通告给了路由器 R3，这条失效路由原本就是从 R3 那里学习到的。

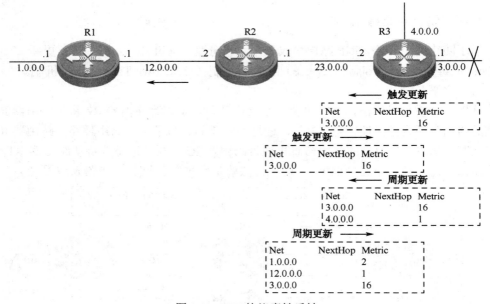

图 8.19　RIP 协议毒性反转

（4）时间抑制

水平分割在物理拓扑并非环路的路由网络中可以很好地预防计数到无穷大的问题，但是如果网络的物理拓扑中存在冗余链路环路，水平分割并不能解决总是计数到无穷大的问题。这时需要启动时间抑制机制，也就是启用一个抑制计时器（抑制时间一般是 180 秒）。当路由器收到一条失效路由时，就会为这条路由启动抑制计时器，在抑制时间内，这条失效的路由不接收任何更新信息，除非更新信息是从原始通告这条路由的路由器发出的。抑制计时器避免了在抑制时间内收到不正确的路由，而且当一条链路频繁启停时，抑制计时器减少了路由的浮动，增加了网络的稳定性。

（5）最大跳数

即使采用了上面的 4 种方法，也只能在一定程度上减少路由环路问题，问题并没有彻底解决。一旦路由环路真的出现了，度量值就会计数到无穷大（跳数为 16）。所以，RIP 路由协议规定最大跳数为 16，既考虑了多数网络能够正常运行，又考虑了因路由环路计数到无穷大所花费的时间不是很长。

总之，RIP 路由协议最大的优点是实现简单，开销较小。但 RIP 协议的缺点也不少，首先，RIP 限制了网络的规模，它能使用的最大距离是 15（16 表示不可达）。其次，路由器之间交换的路由信息是路由器中的完整路由表，因而随着网络规模的扩大，开销也就增加。还有 RIP 协议收敛速度较慢。因此，对于网络规模较小时，可以采用 RIP 动态路由协议；当网络规模较大时，应采用下面将要介绍的 OSPF 动态路由协议。

8.3.4 动态路由协议 OSPF

▶1. OSPF 协议概述

OSPF（Open Shortest Path First，开放式最短路径优先）路由协议是由 IETF（Internet Engineering Task Force）于 1988 年提出的一种链路状态路由选择协议，它服务于 IP 网络，OSPF 协议是内部网关协议 IGP 之一，它工作在一个自治系统内部，用于交换路由选择信息。

OSPF 协议与前面介绍的 RIP 协议相比较，有如下不同。

（1）向谁发送路由选择信息？

根据 OSPF 协议，路由器通过输出接口向所有相邻路由器发送链路状态信息，每一个相邻路由器又将此信息转发给其他相邻路由器。这样，最终整个区域内的所有路由器都将得到这个信息。而 RIP 协议只向相邻路由器发送自己的路由表。

（2）发送什么样的信息？

根据 OSPF 协议，路由器发送的内容是链路状态，包括链路度量值、邻居信息、UP 状态等。而 RIP 协议向自己的邻居发送路由表。

（3）何时发送信息？

OSPF 协议只有当网络链路状态发生变化时，路由器才向所有邻接路由器用组播方式发送此变化的链路状态信息。而 RIP 协议不管网络拓扑是否变化，路由器之间定期交换路由表信息。

▶2. OSPF 协议工作过程

（1）建立链路状态数据库 LSDB（Link-State Database）

如上所述，当网络拓扑发生变化后，检测到变化的路由器生成并发送链路状态通告 LSA（Link-State Advertisement，链路状态通告），并通过组播地址发送给所有的邻居路由器。接收到 LSA 的每个路由器都复制一份 LSA，更新自己的链路状态库，然后再将 LSA 转发给其他的邻居。

（2）计算 SPF（Shortest Path First）树

通过使用 SPF 算法以本路由器为根计算到达所有其他目的网络的所有路径，形成一个 SPF 树。

（3）产生路由表

经过比较到达网络中所有目的网络的所有路径，选出最佳路径，产生路由表。

OSPF 协议根据网络的工作状况，经过建立 LSDB、计算 SPF 树、产生路由表等过程，能够快速地建立路由表，如图 8.20 所示。

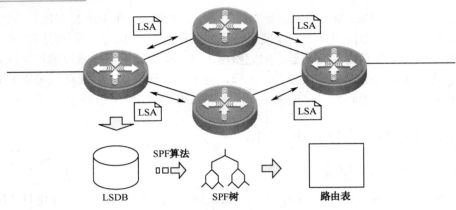

图 8.20 OSPF 协议工作过程

▶ 3. OSPF 网络分层结构

为了使 OSPF 能够用于规模很大的网络，OSPF 协议将自治系统划分为若干个更小的范围，每个范围也称为一个区域（Area）。OSPF 区域分成两种类型：骨干区域和非骨干区域。骨干区域连接其他非骨干区域，起到中枢传输作用；非骨干区域必须连接到非骨干区域。每个区域都有一个 32 位的区域标识符，骨干区域的标识符为 0.0.0.0。

OSPF 网络划分区域后，网络中路由器根据位置不同其扮演的角色也不同。路由器可以分为四种类型：区域内路由器（Internal Router）、区域边界路由器 ABR（Area Border Router）、自治系统边界路由器 ASBR（Autonomous System Boundary Router）和骨干路由器（Backbone Router），如图 8.21 所示。

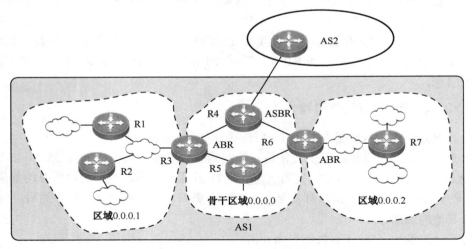

图 8.21 OSPF 分区示意图

（1）区域内路由器

区域内路由器是指在一个 OSPF 区域内的路由器，这些路由器不与其他区域路由器相连，并且当网络链路发送变化时，只与区域内的其他路由器交换 LSA，也包括区域边界路由器，维护其所在区域的 LSDB，在本区域内实现收敛。如：R1、R2、R7 是区域内路由器。

（2）区域边界路由器 ABR

区域边界路由器 ABR 是指同时连接多个区域的路由器，ABR 维护多个区域的 LSDB。在 OSPF 网络中，所有的区域都必须与骨干区域（Area 0）相连，因此 ABR 至少连接一个骨干区域和一个非骨干区域。如：R3、R6 是区域边界路由器。

（3）骨干路由器

骨干路由器是指在骨干区域（Area 0）的路由器，这些路由器只维护骨干区域的 LSDB。在 OSPF 网络中，所有非骨干区域之间的信息必须通过骨干区域进行转发。如：R5 是骨干路由器。

（4）自治系统边界路由器 ASBR

自治系统边界路由器 ASBR 是指与其他自治系统相连的路由器，通常这些路由器上使用多种路由协议（RIP、OSPF、BGP-4）。如：R4 除了是骨干路由器外还是自治系统边界路由器。

将自治系统划分为不同区域有如下优点。

（1）减少了整个网络的通信量

由于划分了区域，每个区域内的路由器数量减少，相对来讲，链路状态的变化也减少了。属于同一个区域的路由器仅在该区域内互相发送链路状态通告 LSA，在区域内的路由信息流量也就减少了。

（2）减小了链路状态数据库 LSDB 的数据量

链路状态数据库用于描述该区域的拓扑结构，由于区域内链路减小了，因此链路状态数据库数据量也减小了。同时，同一区域中的每个路由器都仅为该区域计算其 SPF 树。

（3）隐藏了区域内网络结构

每个路由器 LSA 只在区域内传播，对于外部区域路由器只能获得汇总信息，这样可以隐藏区域内网络的拓扑结构。

4．OSPF 协议报文格式

OSPF 不使用 UDP 而是直接用 IP 数据报传送（其 IP 数据报首部的协议字段值为 89），如图 8.22 所示。

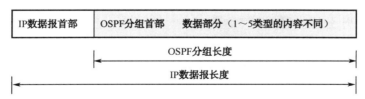

图 8.22　OSPF 分组用 IP 报文传送

无论是哪种类型的 OSPF 分组，其首部的固定长度为 24 字节，OSPF 分组首部格式如图 8.23 所示。

其中各部分含义如下。

版本：用于 IPv4 的 OSPF 版本是 2。用于 IPv6 的 OSPF 版本是 3。

类型：定义 OSPF 数据报类型。OSPF 数据报类型共有五种：问候分组、数据库描述分组、链路状态请求分组、链路状态更新分组、链路状态确认分组。后续详细介绍。

版本	类型	分组长度	
路由器标识符（RID）			
区域标识符（Area ID）			
检验和		认证类型	
认证			
认证			

图 8.23　OSPF 分组首部格式

分组长度：定义整个数据报长度，包括 OSPF 首部在内的分组长度，单位为字节。

路由器标识符（RID）：RID 是 OSPF 路由器的唯一标识符，称为路由器 ID。路由器 ID 的选举规则是，如果 loopback 接口不存在的话，就选举物理接口中 IP 地址等级最高的 IP 地址，否则就选举 loopback 接口。路由器 ID 对于建立邻居关系和协调 LSU 交换非常重要。在选举 DR.BDR 的过程中，如果 OSPF 优先级相同，则 RID 将用于决定谁赢得选举。如果该接口故障，此路由器就不可达。为了避免发生这种情况，最好定义一个回环接口 loopback 作为强制的 OSPF 路由器 ID。

区域标识符（Area ID）：为了能够通信，OSPF 路由器的接口必须属于一个相同的区域（Area），即共享子网以及子网掩码信息。这些路由器拥有的链路状态必须相同。

检验和：用来检验分组中的差错。

认证类型：使用的认证模式。0 为没有认证；1 为简单口令认证；2 为加密检验和认证（MD5）。

认证：报文认证的必要信息。当认证类型为 0 时，不检验该字段；当认证类型为 1 时，该字段包含一个最长为 64 位的口令；当认证类型为 2 时，这个字段包含一个 Key ID、认证数据长度和一个加密序列号，如图 8.24 所示。

如果认证类型为 2，认证字段（长度为 64bit）内容如下：

0x0000	Key ID	认证数据长度
加密序列号		

图 8.24　OSPF 分组认证类型为 2 的认证字段格式

5. OSPF 分组类型

在 OSPF 所有数据报中，首部格式都是相同的，主要区别就是数据部分因 OSPF 分组类型不同而有所差异。OSPF 分组类型共有五种：问候分组（Hello）、数据库描述分组（Database Description）、链路状态请求分组（Link-State Request）、链路状态更新分组（Link-State Update）、链路状态确认分组（Link-State Acknowledgment）。下面分别介绍每种类型数据报的格式。

1）问候分组（Hello）

Hello 分组用来建立和保持 OSPF 邻接关系。由于 OSPF 协议根据路由器之间的链路状态进行路由选择，Hello 分组采用多播地址 224.0.0.5，确保邻居之间的双向通信来建立和维护邻接关系。

当路由器在从邻居那里收到的 Hello 分组报文中"看到"自己后，便进入了双向通信状态，建立了邻接关系，Hello 分组格式如图 8.25 所示。

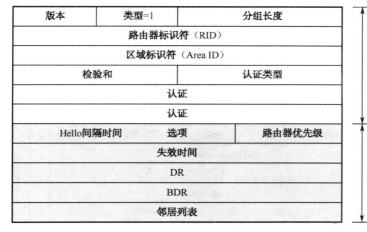

版本	类型=1		分组长度
路由器标识符（RID）			
区域标识符（Area ID）			
检验和		认证类型	
认证			
认证			
Hello间隔时间	选项		路由器优先级
失效时间			
DR			
BDR			
邻居列表			

图 8.25 Hello 分组格式

在 Hello 分组数据部分中，各字段功能描述如下。

（1）Hello 间隔时间：表示发送两个 Hello 分组之间相隔的时间秒数。这个间隔对于两个正尝试形成一个邻接体关系的路由器来说必须是相同的。Hello 间隔在广播介质和点到点介质中都是 10 秒，而在其他介质中是 30 秒。

（2）选项：表示路由器支持的可选特性。

（3）路由器优先级：默认这个值被设置为 1。这个字段在选举 DR 和 BDR 的时候扮演着重要角色。高的优先级增加了这个路由器变成 DR 的机会。优先级为 0 表示这个路由器将不参与 DR 的选举。

（4）失效时间：表示在一个邻居被宣布死亡之前以秒为单位的时间数目。默认的死亡间隔是 Hello 间隔的 4 倍。

（5）DR：列出指定路由器 DR 的 IP 地址。如果没有 DR，则这个字段值为 0.0.0.0。DR 是通过 Hello 协议选举出来的。有着最高优先级的路由器变成 DR。如果优先级相等，有着最大路由器 ID 的路由器成为 DR。DR 的目的是在多点接入介质（Multi Access Media）中减少泛洪的数量。DR 使用多播来减少泛洪的数量。所有的路由器将它们的链路状态数据库向 DR 泛洪，同时 DR 又将这些信息反过来泛洪给这个网段中其他的路由器。DR 只在共享网络中存在。

（6）BDR：列出备份指定路由器 BDR 的 IP 地址。如果 BDR 不存在，这个字段值为 0.0.0.0。BDR 也是通过 Hello 协议选举出来的。BDR 的目的是作为 DR 的备份，在 DR 死亡的时候做一个平滑的转换。BDR 在泛洪中保持被动。

（7）邻居列表：邻居列表字段中包含已建立双向通信关系的邻居路由器 ID。路由器在邻居发送的 Hello 分组中的邻居列表字段中"看到"自己后，便表明双向通信关系已经建立。

2）数据库描述分组（Database Description，DBD）

当两个 OSPF 路由器初始化连接时，要交换数据库描述分组。该分组用于描述链路状态数据库内容。由于链路状态数据库的内容可能很多，所以可能需要几个数据库描述分组来描述数据库，这些描述分组有着专用的数据库描述分组序列字段。

数据库描述分组格式如图 8.26 所示。

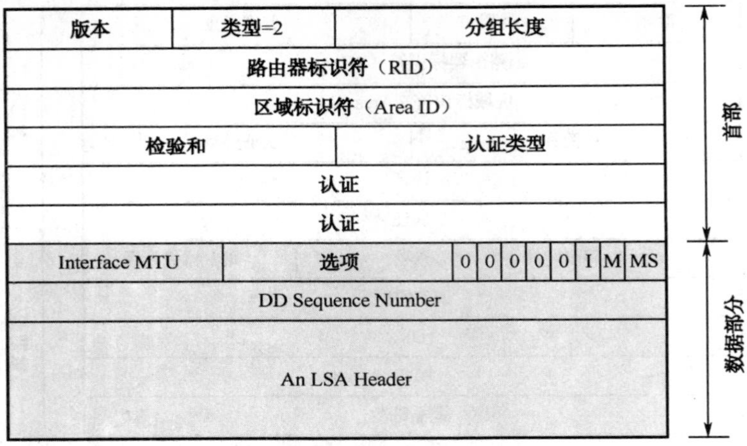

版本	类型=2	分组长度
路由器标识符（RID）		
区域标识符（Area ID）		
检验和	认证类型	
认证		
认证		
Interface MTU	选项	0 0 0 0 0 I M MS
DD Sequence Number		
An LSA Header		

图 8.26 数据库描述分组格式

（1）Interface MTU：表示接口最大传输数据单元，以字节为单位。用来检查两端 OSPF 路由器接口的 MTU 是否匹配。在 Virtual-link 中的 Interface MTU 字段为 0。

（2）I 选项：当设置为 1 时，表示这是数据库描述分组交换中的第一个分组。在交换数据库描述分组时，需要协调主从，比较 Router-ID，Router-ID 值大的路由器为主路由器（Master）。主路由器发送序列号，从路由器进行确认。

（3）M 选项：当设置为 1 时，表示后面将有更多的分组过来。

（4）M/S 选项：用于主从设备。当这个比特设置为 1 时，表示路由器在数据库描述分组交换过程中是主设备，如果这个比特被设置为 0，表示路由器是从设备。

（5）DD Sequence Number：这个字段是数据库描述分组序列号，包含一个由主设备设置的唯一的值，这个序列号在数据库交换过程中使用，只有主设备才能增加序列号。

（6）An LSA Header：这个字段由一系列链路状态通告 LSA 报文头组成。交换数据库描述分组的目的是为了了解对方都拥有哪些链路状态通告 LSA 信息，所有数据库描述分组中的 LSA 并不是具体的 LSA 报文，而是每个 LSA 报文首部信息。LSA 首部信息用于唯一地标识一个 LSA。当发现需要哪个 LSA 时，才在后续开始请求交换该 LSA 完整信息。

3）链路状态请求分组（Link-State Request）

链路状态请求分组用于请求相邻路由器的链路状态数据库中的信息。当路由器收到一个数据库描述分组时，可以发现自己路由器中所缺少的信息。这样，路由器会发送一个或几个链路状态请求分组给邻居路由器以得到更多的链路状态信息。链路状态请求分组格式如图 8.27 所示。

（1）LS 类型（type）：表示请求的 LSA 类型号（1~5）。

（2）链路状态 ID（Link State ID）：用于确定 LSA 描述的 OSPF 域部分。

（3）通告路由器（Advertising Router）：初始建立 LSA 的路由器的路由器 ID。

4）链路状态更新分组（Link-State Update）

链路状态更新分组用于把 LSA 发送给它的邻居，这些更新分组用于对 LSA 请求的应答。一个链路状态更新分组中可以包括多个 LSA 条目，通常有 5 种不同类型的 LSA

分组，这些分组类型用 1～5 的类型号来标识。链路状态更新分组格式如图 8.28 所示。

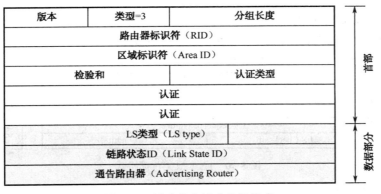

图 8.27　链路状态请求分组格式

图 8.28　链路状态更新分组格式

5）链路状态确认分组（Link-State Acknowledgment）

链路状态确认分组用于当路由器收到对方 LSA 后，向对方发送的响应报文，实现 LSA 分组的可靠传输。

链路状态确认分组包含 LSA 报文首部中的信息，如：Link State ID、通告路由器和 LS 顺序号等。链路状态确认分组与 LSA 间无须一对一的应用关系。一个链路状态确认分组可以包含对多个 LSA 的应答。链路状态确认分组格式如图 8.29 所示。

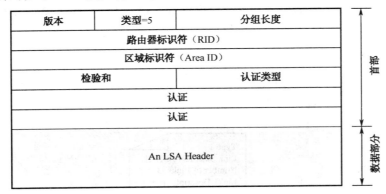

图 8.29　链路状态确认分组格式

▶6. 链路状态通告 LSA（Link State Advertisement）格式

1）LSA 报文首部格式

在 OSPF 中有 5 种类型 LSA，所有的 LSA 报文的报文头（首部）都相同。一个 LSA 报文首部唯一地标识了一个 LSA 报文。LSA 报文首部格式如图 8.30 所示。

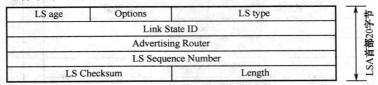

图 8.30 LSA 报文首部格式

其中各部分含义如下。

（1）LS age：LSA 的年龄。表示自从 OSPF 产生时已消逝的秒数。

（2）Options：选项。由一系列标志组成，这些标志标识了 OSPF 网络能提供的各种可选的服务。

（3）LS type：LS 类型，指出 5 种 LSA 类型中的一种。每种类型的格式各不相同。

（4）Link State ID：链路状态 ID。表示 LSA 描述的特定网络环境。链路状态 ID 与 LS 类型密切相关，不同的 LS 类型，表示链路状态 ID 方式也不同。例如，LS 类型为路由器 LSA 时，链路状态 ID 用产生该 LSA 的路由器 ID 表示。

（5）Advertising Router：通告路由器，表示产生了该 LSA 的路由器的 Router ID。

（6）LS Sequence Number：LSA 序列号。OSPF 路由器为每个 LSA 编制一个序列号，并且每增加一个 LSA 就递增该序列号。通过序列号可以判断一个 LSA 是否是新的 LSA。

（7）LS Checksum：LS 检验和。用于检测 LSA 在传输过程中是否受到破坏。

（8）Length：LS 长度。表示 LSA 长度，以字节为单位。

2）LSA 报文分类

下面分别说明类型 1～5 的 LSA 报文。

（1）路由器 LSA（Router LSA，类型 1）：由 OSPF 路由器产生的向所连接区域发送的路由器 LSA，它描述了路由器到区域的链路状态，如：接口的花费值、接口的地址等信息。路由器必须为它所属于的每个区域产生一个路由器 LSA，所以区域边界路由器将产生多个路由器 LSA。路由器 LSA 只在一个区域内传播，不会穿越 ABR，如图 8.31 所示。

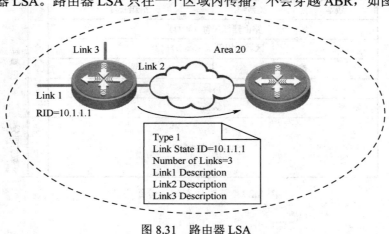

图 8.31 路由器 LSA

（2）网络 LSA（Network LSA，类型 2）：指定路由器 DR 产生的将连接到某个网段的所有路由器的链路状态和花费值向多端口网络及所有连接在其上的路由器发送的网络 LSA。网络 LSA 可以减少网络中的路由更新信息流量。网络 LSA 只在一个区域内传播，不会穿越 ABR，如图 8.32 所示。

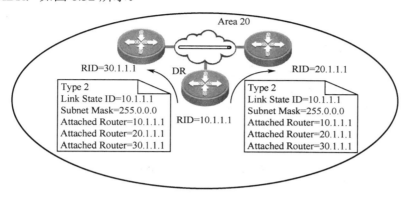

图 8.32　网络 LSA

（3）网络汇总 LSA（Network Summary LSA，类型 3）：网络汇总 LSA 由区域边界路由器 ABR 产生，并实现将一个区域的路由信息汇总后发送至另一个区域。网络汇总 LSA 实现了在一个自主系统内的不同区域间共享路由信息。网络汇总 LSA 在在整个 OSPF 域内泛洪，如图 8.33 所示。

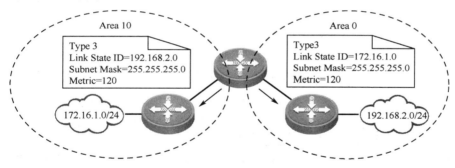

图 8.33　网络汇总 LSA

（4）ASBR 汇总 LSA（ASBR Summary LSA，类型 4）：由区域边界路由器 ABR 产生的在 OSPF 域内发送 ASBR 位置的 ASBR 汇总 LSA。ASBR 汇总 LSA 实现 OSPF 域内路由器访问 OSPF 域外网络时的出口路由信息。ASBR 汇总 LSA 在整个 OSPF 域内泛洪，如图 8.34 所示。

（5）自治系统外部 LSA（AS-External LSA，类型 5）：由 ASBR 产生的用于描述 OSPF 网络之外的目的地自主系统外部 LSA。自治系统外部 LSA 实现了把 OSPF 外部网络路由信息在整个 OSPF 路由域内传播。自治系统外部 LSA 在整个 OSPF 域内泛洪（除了 Stub 区域），如图 8.35 所示。

7. OSPF 的建立邻居状态与数据库同步过程

1）建立双向通信

运行 OSPF 协议的路由器初始化时，首先使用 Hello 分组完成如图 8.36 所示的交换过程。

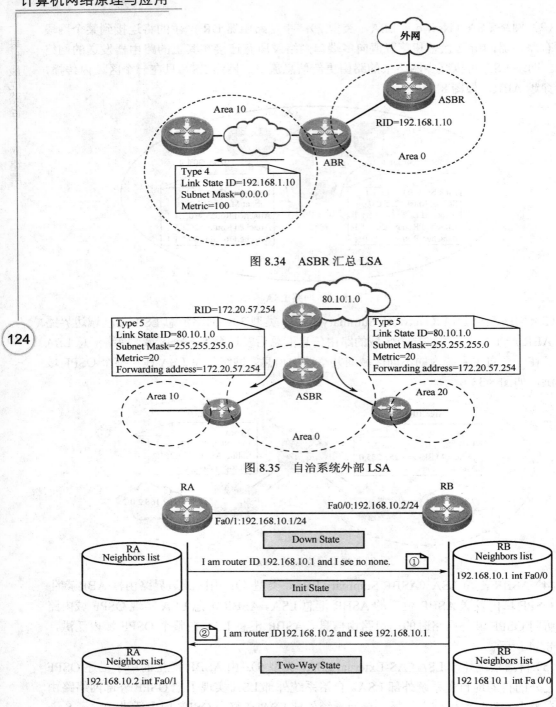

图 8.34 ASBR 汇总 LSA

图 8.35 自治系统外部 LSA

图 8.36 建立双向通信过程

交换过程说明如下。

（1）初始路由器 RA 处于 Down 状态下，它首先从其 OSPF 接口向外发送 Hello 报文，发送 Hello 报文使用的多播地址为 224.0.0.5。

（2）路由器 RB 收到 RA 发送的 Hello 报文，把路由器 RA 加进自己的邻居列表

（Neighbors list）中，并进入初始化状态（Init State）。以单播的方式发送 Hello 报文以对路由器 RA 应答。

（3）路由器 RA 收到 RB 发送的 Hello 报文后，将路由器 RB 加进自己的邻居列表（Neighbors list），并进入双向通信状态（Two-Way State）。

（4）如果链路是广播型网络，如以太网，则接下来进行 DR 和 BDR 选举。这一过程发生在交换信息之前。

（5）周期发送 Hello 报文保持信息交换，路由器每隔 10 秒交换一次 Hello 报文。

2）选举 DR 和 BDR

在广播型的 OSPF 网络中，为了减少更新流量，需要选举指定路由器 DR 和备份指定路由器 BDR。网络中的每台路由器都必须与 DR 和 BDR 建立邻居关系。网络中的路由器只将链路信息发送至 DR 和 BDR，而不是发送给所有其他路由器。DR 收到路由器发送的链路状态信息后，将其转发给网络中的其他路由器，如图 8.37 所示。

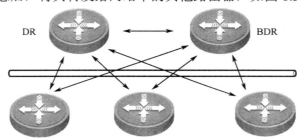

图 8.37　DR 和 BDR

除 DR 和 BDR 之外的其他路由器使用多播地址 224.0.0.6 将链路状态信息发送至 DR，而 DR 使用多播地址 224.0.0.5 再将链路状态信息转发给这些路由器（除了 DR 和 BDR 路由器）。

当选举 DR 和 BDR 时，需要比较 Hello 报文中的优先级（Prioty），优先级高的为 DR，次高的为 BDR，默认优先级为 1。在优先级相同情况下，比较 RID，RID 等级最高的为 DR，次高的为 BDR。当优先级设置为 0 时，OSPF 路由器将不能成为 DR 或 BDR，只能成为 DROTHER。

3）发现网络路由及添加链路项目

当选举完 DR 和 BDR 后，进入 Exstart 状态，接下来可以对链路状态信息进行发现并创建自己的 LSDB。

发现与添加路由过程如下。

（1）在 Exstart 状态下，路由器和 DR/BDR 形成主从关系，以 RID 等级高的为主，RID 等级低的为从。

（2）主从交换 DBD 报文，路由器进入 Exchange 状态，如图 8.38 所示。

（3）DBD 报文包含了出现在 LSDB 中的 LSA 条目头部信息，每个 LSA 条目头部信息都包括链路状态类型、通告路由器的地址、链路耗费和序列号等。

（4）路由器收到 DBD 报文后，将使用 LSAck 报文响应。同时将比较收到的 DBD 报文中的条目和自己的 DBD 条目。

（5）比较后发现收到的 DBD 报文中有更新的条目，路由器就发送链路状态请求分组 LSR 报文给其他路由器，进入 Loading 状态。对方收到 LSR 报文后，对方路由器以发送链路状态更新分组 LSU 报文作为响应。LSU 报文包含了 LSR 中所需要的完整信息。收到 LSU 后，再次发送 LSAck 做出确认。

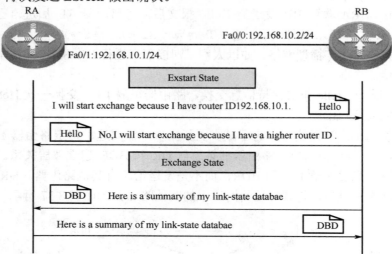

图 8.38　发现网络路由

（6）路由器添加新的条目到 LSDB 中，进入 Full 状态，至此，区域内的所有路由器的 LSDB 都相同，如图 8.39 所示。

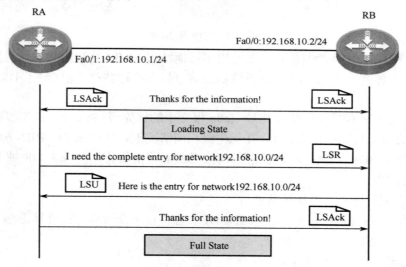

图 8.39　添加网络路由

网络中路由器的链路状态数据库 LSDB 达到同步后，OSPF 协议通过最短路径算法 SPF，产生路由表。OSPF 协议的链路状态数据库能够较快地更新，使各个路由器的路由表也得到及时更新，实现 OSPF 协议快速收敛。

8.3.5　边界网关路由协议 BGP

▶ 1. BGP 概述

边界网关路由协议 BGP（Border Gateway Protocol）是指在自治系统 AS 之间使用的

路径向量路由选择协议，是外部网关协议 EGP（Exterior Gateway Protocol）。目前使用的版本为 BGP-4。

通过前面的学习我们已经了解了 IP 路由选择协议 RIP 和 OSPF，这两种路由选择协议都属于内部网关协议 IGP。IGP 用于在一个网络内部或一个自治系统 AS 内部使用，以提供路由选择功能。

Internet 网络是由若干个自治系统 AS 集成的网络，通常一个 ISP 就是一个 AS。AS 之间网络需要相互通信，AS 之间也存在路径选择问题。如果采用 RIP 或 OSPF 等路由协议算法进行 AS 之间路由选择的话，会出现一些难以解决的问题。

（1）由于 Internet 的网络规模非常大，使得 AS 之间路由选择非常困难。为了有效地转发数据报，连接在 Internet 主干网络的路由器，必须对任何有效的 IP 地址都能在路由表中找到匹配的目的网络。目前 Internet 网络中，主干路由表中路由条目已超过 5 万个，如果采用 IGP 协议，将维持一个超大的数据库，并且计算最佳路由花费的时间也太长。另外，各个 AS 使用的度量值标准不同，很难区分一条路由的优劣。

（2）AS 之间的路由选择必须考虑有关策略。由于相互连接的网络的性能差别较大，如果根据最短距离找出来的路径，可能并不合适。也有可能有的路径的使用代价很高或很不安全。

由于上述情况，使用 BGP 并不是为了追求一条"最佳路径"，而是选择一条"最适合的路径"。BGP 采用了路径向量路由选择协议，它与 IGP 的距离向量和链路状态协议都有很多的区别，如图 8.40 所示。

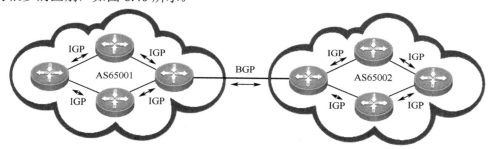

图 8.40　IGP 与 BGP 协议

对于 Internet 网络中的每个自治系统 AS，都有一个唯一的自治系统编号，也就是 AS 号。AS 号由 IANA（Internet Assigned Numbers Authority）进行统一分配。AS 号是一个 16 位的二进制数，范围为 1～65 535，其中 64 512～65 535 为私有 AS 号。

▶2．BGP 协议

BGP 使用 TCP 作为传输协议，使用的端口号为 TCP179。我们以前讲过，RIP 使用 UDP 作为传输协议，使用的端口号为 UDP520。OSPF 协议使用 IP 协议作为传输协议，协议号为 89。

BGP 协议考虑到 TCP 协议是面向连接的可靠协议，利用 TCP 的面向连接性和可靠性实现 BGP 可靠传输，如图 8.41 所示。

数据帧首部	IP报首部	TCP报首部	TCP数据段 （BGP路由信息）

图 8.41　BGP 协议封装

▶3. BGP 路径向量属性

BGP 与 IGP 协议不同，它是一种路径向量路由协议。BGP 有一系列的路径向量属性，用于衡量路由的优劣。这些属性包括自治系统 AS 路径、下一跳地址、起源、本地优先级等。其中 AS 列表是最典型的属性之一。

BGP 路由器所通告的每一条 BGP 路由中都会包括这样一个列表。该列表中记录了这条路由所经过的所有 AS 号，也就是说，AS 路径说明了如果要达到此目的地，途中需要经过哪些 AS，如图 8.42 所示。

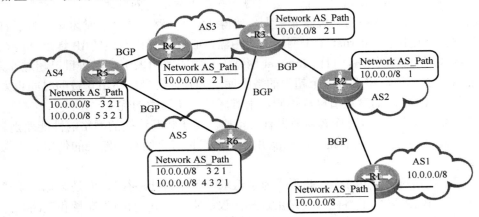

图 8.42　BGP 协议的 AS 路径属性

在图 8.42 中，AS1 中的路由器 R1 作为始发路由器将路由器 10.0.0.0/8 通告到 BGP 中。在 R1 将路由发送到 BGP 邻居 R2 之前，会将本地的 AS 号加入到 AS 路径列表中，但是在 R1 本地来看，10.0.0.0/8 的路径属性为空。当 AS2 的 R2 收到此路由后，看到的 AS 路径列表为"1"，这表明该路由是始于 AS1 的。

之后，R2 在将路由通告给它的邻居 R3 时，则将自己的 AS 号附加到 AS 列表中，此时 R3 看到的这条路由的路径列表为"2 1"，表明该路由始于 AS1，并且在传输途中经过 AS2。R3 在将路由通告给邻居 R4 时，由于属于同一个 AS，所以不修改 AS 列表，R4 看到的 AS 列表仍然是"2 1"。

R4 在将路由通告给 R5 时，将自己的 AS 号添加到 AS 列表，R5 看到的该路由 AS 路径列表为"3 2 1"。同样，R5 也从 R6 收到一条路由，该路由的 AS 列表为"5 3 2 1"。同理，R6 分别从 R3 和 R5 收到 2 条路由，AS 路径列表分别为"3 2 1"和"4 3 2 1"。

路由器 R5 将比较两条去往 10.0.0.0/8 的路由 AS 列表，选取路径短的路由，即"10.0.0.0/8 3 2 1"路由。同理，R6 路由器也选取了"10.0.0.0/8 3 2 1"路由。

在上图中的路由器 R1、R2、R3、R4、R5、R6 又称为"BGP 发言人"。一般说来，两个 BGP 发言人都是通过一个共享网络连接在一起的，而 BGP 发言人往往就是 BGP 边界路由器。

一个 BGP 发言人与其他自治系统 AS 的 BGP 发言人要交换路由信息，就要先建立 TCP 连接，然后在此连接基础上交换 BGP 报文，以建立 BGP 会话，利用 BGP 会话交换路由信息。

8.4 应用实践

8.4.1 背景描述

假定你的客户在网络运行过程中发生了不能访问分公司及 Internet 故障,但总公司内部网络正常。请求你帮助排除故障,恢复网络正常工作状态。接到公司经理的安排后,了解客户网络拓扑及配置情况,如图 8.43 所示。

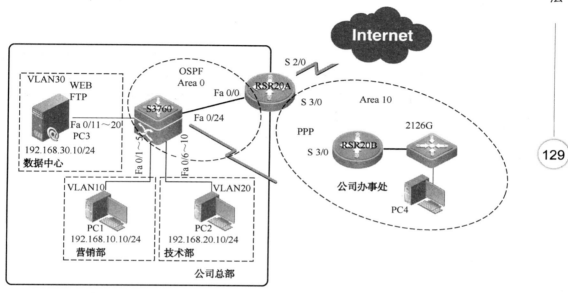

图 8.43　公司网络拓扑图

8.4.2 故障分析

经过了解客户,知道客户网络配置如下。

（1）交换机 S3760

VLAN10：192.168.10.1/24

VLAN20：192.168.20.1/24

VLAN30：192.168.30.1/24

Fa 0/24：192.168.80.1/24

（2）路由器 RSR20A

Fa 0/0：192.168.80.2/24

S2/0：200.1.1.1/24

S3/0：80.1.1.1/24

（3）路由器 RSR20B

Fa 0/0：172.16.10.2/24

S3/0：80.1.1.2/24

由于客户总公司内部网络正常，说明总公司内部网络连接、配置没有问题。查询一下 S3760 三层交换机路由表，发现具有 192.168.10.0/24、192.168.20.0/24、192.168.30.0/24 三条直连路由。查询路由器 RSR20A 路由表，发现具有 192.168.80.0/24、200.1.1.0/24、80.1.1.0/24 三条直连路由。查询路由器 RSR20B 路由表，一切都正常。

8.4.3 故障处理

（1）总公司与分公司通信问题。从以上查询结果看，S3760、RSR20A 没有学习到分公司网络的路由，致使数据报不能传送到分公司。进一步查询配置文档发现由于 RSR20A 中的 OSPF 协议配置错误导致这样结果。修改错误的配置文档即可恢复总公司与分公司的相互访问。

（2）经过调试，总公司与分公司可以相互通信了。但是公司网络不能访问 Internet。经分析发现，由于 S3760 、RSR20A 及 RSR20B 中没有配置默认路由，使得除了公司内部网段可以相互访问外，其他数据报由于没有路由，导致被丢弃。分别在 S3760 、RSR20A 及 RSR20B 配置默认路由，问题得到解决。

练习题

1. 选择题

（1）在路由表中有直连路由、静态路由、动态路由及默认路由，当查询路由表中的路由记录都没有配置的目的网络，应该按照（　　）执行。

  A. 直连路由   B. 静态路由   C. 动态路由   D. 默认路由

（2）网关协议分为内部网关协议 IGP 和外部网关协议 EGP，下面（　　）不属于 IGP。

  A. RIP   B. OSPF   C. BGP-4   D. IS-IS

（3）动态路由协议 RIP 是一个应用广泛的路由协议，以跳数衡量路径优劣，其最大跳数是（　　）。

  A. 5   B. 15   C. 20   D. 25

（4）OSPF 协议在一个自治系统 AS 内部可以划分多个区域，但是它必须并且只有一个（　　）区域。

  A. 0.0.0.0   B. 0.0.0.1   C. 0.0.0.10   D. 0.0.0.20

（5）在内部网关路由协议中，每个协议都有自己的特点，其中（　　）是距离向量路由协议，缺点是容易产生路由环路。

  A. RIP   B. OSPF   C. BGP-4   D. IS-IS

2. 简答题

（1）描述动态路由协议 RIP 的工作过程，其优缺点是什么？

（2）描述动态路由协议 OSPF 的工作过程，其优缺点是什么？

（3）OSPF 分组有哪些类型？各自的用途和作用如何？

进程间逻辑通信——传输层

➜ 本章导入

不同类型网络具有各自不同的链路层协议（Ethernet、PPP、X.25、FR 等），通过共同的网络层 IP 协议解决了不同类型网络间的通信问题。IP 协议只是将数据报从源主机传送到目的主机。换句话讲，只是解决了从源主机到目的主机间的通信问题。真正通信的实体应该是主机的进程，两个主机之间的通信应该是源主机的一个进程与目的主机的另一个进程间的通信。一个主机往往运行多个进程，如何找到需要通信的进程呢？以及如何控制进程间的有效通信呢？这些问题在网络层无法处理，需要传输层 UDP 和 TCP 协议来解决。

9.1 提出问题

通过前面的学习，我们已经了解到在计算机网络中，IP 协议能够将不同类型网络连接在一起，形成互联网络。但是在数据传输过程中，如何避免因源主机与目的主机传输速率不一致而导致数据传输错误问题？如何确保应用进程间传输数据的可靠性问题？在数据段通过网络传输到目的主机后，如何检测数据段在传输过程中是否被破坏？如何将数据段交付给应用进程？……这一系列问题需要传输层妥善解决，确保应用进程间正常通信。

9.2 工作任务

本章节中，通过学习将完成如下工作任务：
（1）描述 UDP 协议特性；
（2）描述 TCP 协议特性。

9.3 预备知识

9.3.1 传输层概述

传输层是 TCP/IP 网络体系结构中非常重要的层次之一，它可以完成在网络中不同主机进程之间的数据传输，为其上层（应用层）提供数据传输服务。传输层包括 UDP 和

TCP 两个重要协议。下面首先介绍网络中进程之间的通信过程，然后简单描述 UDP 和 TCP 协议。

1. 传输层数据通信

通过前面的学习，我们已经了解到网络层可以提供主机之间的通信。发送方数据报文从应用进程发送至传输层，传输层协议将数据报文经过封装后交付给网络层协议，网络层协议将数据报文传递至目的主机。那么，数据报文到达目的主机后如何处理呢？传输层协议负责将网络层提供的数据报文交付至相应的进程，如图 9.1 所示。

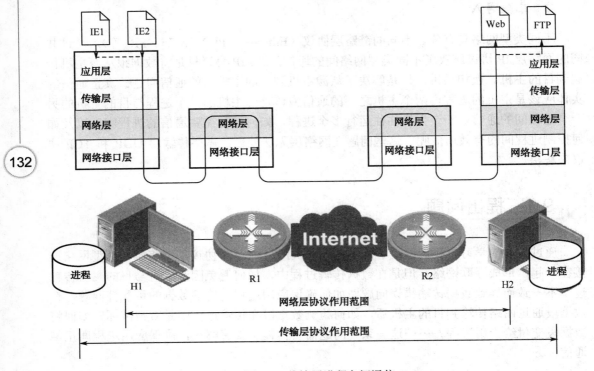

图 9.1　传输层进程之间通信

网络层负责将数据报文从源主机传递到目的主机，完成主机之间的数据报文传递。传输层负责将数据报文从源主机的进程传递到目的主机的进程，完成不同主机的进程之间数据报文传输。例如，在图 9.1 中，在源主机 H1 中通过 IE1 进程访问目的主机 H2 中的 Web 进程，同时在源主机 H1 中通过 IE2 进程访问目的主机 H2 的 FTP 进程。

在主机 H1 中的两个进程都要通过传输层协议 TCP 访问主机 H2 的两个进程。在此传输层协议 TCP 是提供给应用层进程共享的，通常将发送方不同的应用进程而共同使用一个传输层协议传输数据的行为称为复用。

数据报文到达目的主机后，根据报文中要到达的目的进程端口号交付至目的进程。通常将接收方把传输层的报文分别交付至不同目的进程的行为称为分用。复用和分用过程如图 9.2 所示。

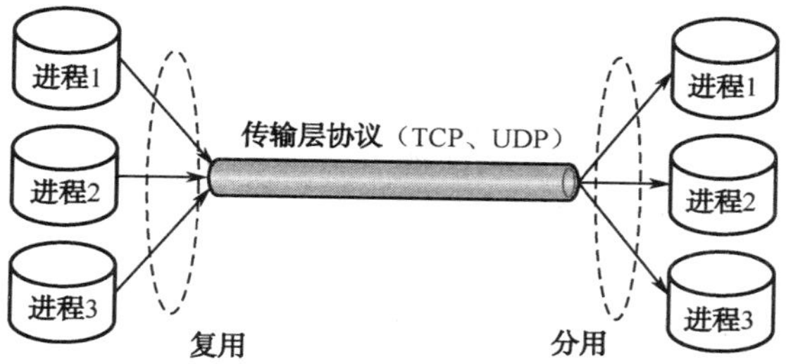

图 9.2　复用与分用

2．传输层协议

根据应用程序的不同需求，传输层有两种不同的协议：用户数据报协议 UDP 和传输控制协议 TCP。

（1）用户数据报协议 UDP（User Datagram Protocol）

用户数据报协议 UDP 是面向非连接的、非可靠的、面向报文的传输层协议。其特点是开销小，适合某些对实时性要求较高的场合，如：视频、语音传输等。

（2）传输控制协议 TCP（Transmission Control Protocol）

传输控制协议 TCP 是面向连接的、可靠的、面向字节流的传输层协议。其特点是能够保障传输质量和可靠性，但开销较大。

UDP 和 TCP 为应用层提供传输服务，如表 9.1 所示。

表 9.1　UDP 和 TCP 支持的应用协议

应　　用	应用层协议	传输层协议	端　口　号
域名服务	DNS	UDP	53
文件传输	TFTP	UDP	69
路由选择协议	RIP	UDP	520
IP 地址配置	DHCP	UDP	67、68
网络管理	SNMP	UDP	161
电子邮件	SMTP	TCP	25
远程终端输入	TELNET	TCP	23
万维网	HTTP	TCP	80
文件传输	FTP	TCP	20（数据）、21（控制）

3．传输层端口号

传输层为应用层提供传输服务。在发送方应用层进程将数据报文交付传输层协议（TCP 或 UDP），传输层协议将数据报文经过网络层、链路层、网络接口层传递至对方传输层。对方传输层接收到网络层提交的数据报文后，根据报文要求的目的进程将数据报文交付至目的主机的相应应用层进程。在发送方和接收方都需要标识特定的应用进程，以便应用进程与传输层之间建立联系。通过应用进程标识传输层能够找到特定的应用进程。TCP/IP 协议为每个应用进程建立一个编号，通常将这个编号称为端口号。

TCP/IP 协议的端口号是由 16 位二进制数构成，编号范围为 0～65535，每一个编号对应一个应用进程。传输层的端口号分为以下两类。

（1）服务器端使用的端口号

服务器提供应用协议服务功能。按照服务器提供的服务内容，又分成两类：一类是将 TCP/IP 经常使用的、固定的一些重要应用进程对应的端口号，由 IANA 机构对外公布，范围为 0～1023 的端口号，通常将这类端口号称为熟知端口号或系统端口号；另一类是在 IANA 登记，没有熟知的应用进程端口号，范围是 1024～49151，通常将这类端口号称为登记端口号。

（2）客户端使用的端口号

客户端需要为应用进程提供端口号，以表明向服务器提起服务请求的是哪一个应用进程，同时也告诉服务器应用进程将提供的响应服务回复给客户端哪个应用进程。客户端使用的端口号范围为 49152～65535。客户端使用的端口号分配到应用进程并不是固定的，是临时产生的。当某一个进程工作时临时分配给它一个端口号，当该进程工作结束，进程将退出，并将该端口号返还系统。以后这个端口号还可以再分配给其他进程使用。

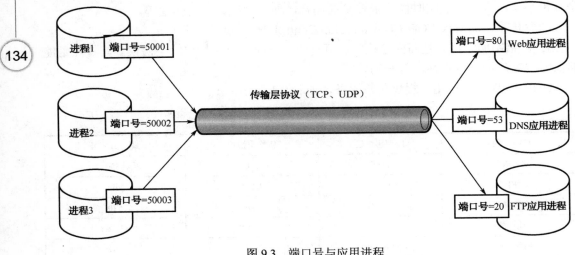

图 9.3　端口号与应用进程

9.3.2　UDP 协议

1. UDP 协议概述

用户数据报协议 UDP（User Datagram Protocol）是传输层的两个协议之一。UDP 只是在应用层报文基础上增加了标识应用进程的端口号、用户数据报长度、检验和等字段，实现了用户数据报的复用、分用及差错检测等功能。用户数据报协议 UDP 主要特点如下。

（1）UDP 是无连接的协议。UDP 的无连接是指发送数据之前不需要建立连接，因此减少了开销和发送数据之前的时延。

（2）UDP 是非可靠的协议。UDP 的非可靠是指不保证数据一定能传输到目的地并可靠交付，因此主机不需要维持复杂的连接状态表信息。

（3）UDP 是面向报文的协议。UDP 的面向报文指的是发送方对应用进程的报文只是简单地添加 UDP 首部必要信息后直接交付给网络层。UDP 对应用进程的报文既不合并也不拆分，添加必要首部信息后完整地传输至网络层，即一次发送一个报文。因此，要求应用进程的报文大小要适当，若太大，到达网络层后会被拆分；若太小，到达网络层后，由于 IP 数据报的首部相对较长，降低了网络层传输效率。

（4）UDP 是没有拥塞控制的协议。网络中由于某种原因，传输性能降低，传输出现拥塞现象，UDP 不会反映到发送端。因此，网络拥塞对源主机不产生影响。适合某些实时应用要求，如：IP 电话、视频会议等。

（5）UDP 是支持多种通信方式的协议。UDP 支持一对一、一对多、多对一和多对多的交互通信。

（6）UDP 是开销比较小的协议。UDP 的首部只有 8 个字节，不会给数据报添加太多的额外负担。

因此，UDP 适合无连接、非可靠，对实时性要求比较高的通信环境。

▶2．UDP 报文格式

用户数据报协议 UDP 的报文格式由两部分构成：首部和数据部分。首部包含源端口、目的端口、长度和检验和；UDP 数据部分则是一个完整的应用层报文，如图 9.4 所示。

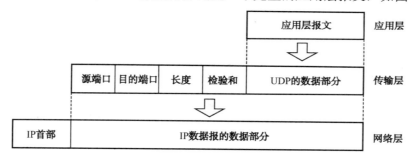

图 9.4　UDP 用户数据报格式

首部各字段意义如下。

（1）源端口：2 字节，源主机发送报文应用进程对应的端口号。

（2）目的端口：2 字节，目的主机接收报文应用进程对应的端口号。

（3）长度：2 字节，UDP 用户数据报的长度。

（4）检验和：2 字节，检测 UDP 数据报在传输过程中是否有错，若有错则丢弃。

▶3．UDP 工作过程

用户数据报是面向非连接的，发送数据之前不需要先建立连接。在发送方应用进程将建立一个发送队列及接收队列，并将要发送的报文存放在发送队列尾部。应用进程为发送队列及接收队列临时分配一个端口号（假设临时端口号为 56701）。UDP 协议对发送队列中的报文进行如下简单处理：添加源端口（临时端口号为 56701）、目的端口（由于是请求域名解析服务，端口号为 53）、计算 UDP 长度、计算检验和等。然后，将形成的UDP 报文交送至网络层，网络层负责将报文传输至服务器端。

在服务器端应用进程也将建立一个发送队列及接收队列，并将接收的报文存放在接收队列尾部。应用进程为发送队列及接收队列配置一个端口号（假设端口号为 53）。服务器应用进程从接收队列中提取 UDP 首部字段信息。如果无传输差错，按照报文中的目的端口号为 53，交付到应用层相应的进程中。应用进程提供相应服务后，回送响应报文。在回送响应报文时，源端口号为 53，目的端口号为 56701。

4．UDP 应用实例

由于 UDP 协议采用了无连接的方式，并且只提供有限的差错控制，因此 UDP 协议简单，适合一些特定应用，运行效率高。目前，有些实时的应用，如 IP 电话、视频会议等要求源主机以恒定的速率发送数据，并且在网络出现拥塞时可以丢失一些数据，但是不希望数据延时太大，UDP 的特性正好适合这种应用需求。路由器选择协议 RIP、简单网络管理协议 SNMP、网络文件服务 NFS、网络电话 VoIP 等应用都使用 UDP 协议。

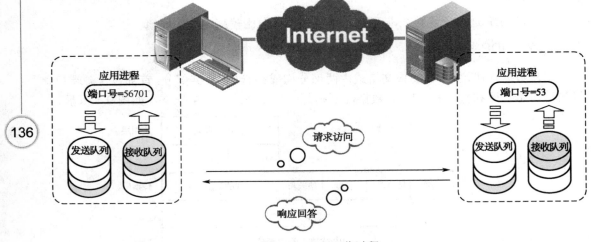

图 9.5　UDP 工作过程

9.3.3　TCP 协议

1．TCP 协议概述

传输控制协议 TCP（Transmission Control Protocol）是 TCP/IP 体系结构中非常重要的协议，也是传输层的两个协议之一。TCP 协议与前面介绍的 UDP 协议相比较要复杂很多。TCP 是一个面向连接的、可靠的、具有流量控制功能的协议。TCP 主要特点如下。

（1）TCP 是面向连接的协议。面向连接是指 TCP 在传输数据之前，必须先建立连接；传输数据之后，必须释放已经建立的连接。

（2）TCP 是提供可靠传输的协议。可靠传输是指运用 TCP 传输数据时，TCP 能够通过一些措施保证数据无差错、不丢失、不重复、按序到达。

（3）TCP 是面向字节流的协议。面向字节流是指发送方与接收方之间发送的报文大小是根据当时网络及接收方主机的实际状况并且可以按字节实时调整的，与发送方的应用进程交送的报文大小无关。网络传输性能好、主机接收缓存大，发送方就可以发送比较大的报文。反之，只能减少发送报文的字节流。

（4）TCP 是具有流量与拥塞控制的协议。TCP 在传输字节流过程中，根据网络拥塞状况、主机接收缓存使用情况，实时调整发送报文的大小。

（5）TCP 是只能提供一对一服务的协议。由于 TCP 是面向连接的，从一个端点连接到另一个端点，所以实现一对一的通信。

（6）TCP 是一个开销比较大的协议。TCP 与 UDP 相比较，首部较大。TCP 的首部长度为 20～60 字节。

▶2. TCP 报文格式

TCP 报文同 UDP 报文一样也是包含首部和数据两部分，但是 TCP 的首部却比 UDP 的首部复杂得多。TCP 首部的前 20 个字节是固定的，后面若干字节是可选的，最长可达 40 字节，如图 9.6 所示。

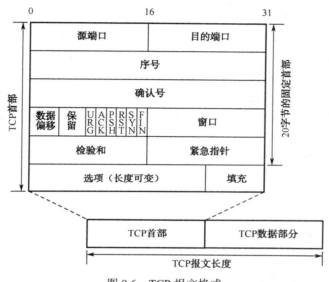

图 9.6　TCP 报文格式

首部固定部分各字段含义。

（1）源端口和目的端口：各 2 个字节。分别写入源端口号和目的端口号。表示 TCP 调用进程编号。

（2）序号：4 个字节。序号范围是 0～$(2^{32}-1)$。在一个 TCP 连接中传送的字节流中的每一个字节都按顺序编号。首部中的序号字段值是指本报文段所发送的数据的第一个字节的序号。

例如，一报文段的序号字段值是 301，而携带的数据共有 100 字节。表明：本报文段的数据的第一个字节的序号是 301，最后一个字节的序号是 400。因此，下一个报文段的数据序号应从 401 开始，即下一个报文段的序号段值应为 401。

（3）确认号：4 个字节。确认号是期望收到对方下一个报文段的第一个数据字节的序号。

例如，B 正确收到了 A 发送来的一个报文段，其序号字段值是 501，而数据长度是 200 字节（序号 501～700），表明：B 正确收到了 A 发送的到序号 700 为止的数据。因此，B 期望收到 A 的下一个数据序号是 701，于是 B 在发送给 A 的确认报文段中把确认号设置为 701。

注：若确认号=N，表明到序号 $N-1$ 为止的所有数据都已正确收到。

（4）数据偏移：4 比特位。它指出 TCP 报文段的数据部分起始处距离 TCP 报文段的起始处有多远。实际上是给出了 TCP 报文段的首部长度。

（5）保留：6 位。保留以后使用，目前设置为 0。

（6）控制位：6 位。其中各部分如下。

紧急 URG：当 URG=1 时，表明紧急指针字段有效，它告诉系统此报文段中有紧急数据，应尽快传送，而不要按原来的排队顺序来传送。

确认 ACK：仅当 ACK=1 时，确认号字段才有效；当 ACK=0 时，确认号无效。

推送 PSH：当两个应用进程进行交互式的通信时，有时在一端的应用进程希望在键入一个命令后立即就能够收到对方的响应。在这种情况下，TCP 就可以使用推送操作。这时，发送方 TCP 把 PSH 设置为 1，并立即创建一个报文段发送出去。接收方 TCP 收到 PSH=1 的报文段，就尽快地交付给接收应用进程，而不再等到整个缓存都填满了后再向上交付。

复位 RST：当 RST=1 时，表明 TCP 连接中出现严重差错（如由于主机崩溃或其他原因），必须释放连接，然后再重新建立传输连接。RST 置 1 还用来拒绝一个非法的报文段或拒绝打开一个连接。

同步 SYN：在连接建立时用来同步序号。当 SYN=1 而 ACK=0 时，表明这是一个连接请求报文段。对方若同意建立连接，则应在响应的报文段中使用 SYN=1 和 ACK=1。因此，SYN=1，表示是一个连接请求或连接响应报文。

终止 FIN：用来释放一个连接。当 FIN=1 时，表明此报文段的发送方的数据已发送完毕，并要求释放传输连接。

（7）窗口：2 字节。窗口值范围是 $0 \sim 2^{16}$ 的整数。窗口指的是发送本报文段的一方的接收窗口（而不是自己的发送窗口）。窗口值告诉对方：从本报文段首部中的确认号算起，接收方目前允许对方发送的数据量。窗口值作为接收方让发送方设置发送窗口的依据。

例如，设确认号是 701，窗口字段是 1000。这表明，从 701 号算起，发送此报文段的一方还有接收 1000 个字节数据（701～1700）的接收缓存空间。

注：窗口字段明确指出了现在允许对方发送的数据量。窗口值是经常变化的，有时也叫滑动窗口。

（8）校验和：2 字节。校验和字段检验的范围包括首部和数据这两部分。

（9）紧急指针：2 字节。紧急指针仅在 URG=1 时才有意义，它指出本报文段中的紧急数据的字节数（紧急数据结束后就是普通数据）。因此紧急指针指出了紧急数据的末尾在报文段中的位置。当所有紧急数据都处理完时，TCP 就告诉应用进程恢复到正常操作。

（10）选项：长度可变，最长可达 40 字节。选项之一是最大报文段长度 MSS（Maximum Segment Size）。MSS 是每个 TCP 报文段中数据字段的最大长度。数据字段加上 TCP 首部为整个 TCP 报文段。MSS 值不能太小，如果 MSS 值太小，则网络传输效率会很低。假设在极端情况下，当 TCP 数据段只有 1 个字节时，加上 TCP 首部固定的 20 字节、IP 首部的 20 字节，形成 41 个字节的数据报，如图 9.7 所示。

20字节	20字节	1字节
IP首部	TCP首部	TCP数据字段

TCP数据段长度

IP数据报长度

图 9.7　MSS 太小的情况

MSS 也不能太大，如果 MSS 值太大，网络层形成的数据报超过了 MTU，数据报将被分片，同样也会影响网络传输效率。MSS 默认值为 536。

除 MSS 选项外，还有窗口扩大选项、时间戳选项等。

3. TCP 连接管理

前面已经讲过 TCP 是面向连接的传输层协议。大家知道，在链路层中，通过物理地址标识不同主机，链路层协议（如 Ethernet 协议）实现在一个链路中主机之间传输数据帧操作。在网络层通过逻辑地址（IP 地址）标识不同主机，网络层协议（如 IP 协议）实现在网络中主机之间传输数据包操作。那么，传输层是指谁跟谁的传输呢？

传输层是完成不同主机进程之间数据段的传输任务。我们采用 IP 地址标识主机，采用端口号标识进程。将主机"IP 地址+端口号"标识特定传输位置，实现全网络范围的唯一端到端的数据段传输。通常也将主机"IP 地址+端口号"称为套接字，表示为"IP 地址：端口号"。例如，一台主机地址（IP 地址为 56.68.1.10）访问 Web 服务器（IP 地址为 210.89.2.10）。主机的端口号为 56701 及服务器的端口号为 80，主机的套接字为 56.68.1.10:56701，服务器的套接字为 210.89.2.10:80，如图 9.8 所示。

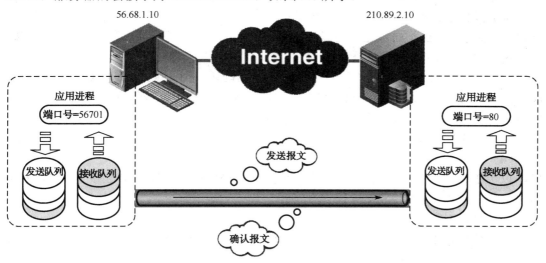

图 9.8　TCP 端到端连接

1）TCP 连接建立过程

TCP 使用三次握手协议来建立连接。连接可以由任何一方发起，也可以由双方同时发起。一旦某主机上的 TCP 软件已经主动发起连接请求，运行在另一台主机上的 TCP 软件就会被动地等待握手。发起请求的主机作为客户机，等待的主机作为服务器，在下面描述中将客户机 A 简称 A，将服务器 B 简称 B，如图 9.9 所示。

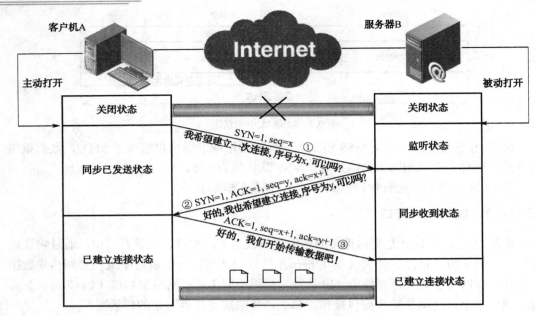

图 9.9　TCP 连接建立过程

（1）A 向 B 发出连接请求报文段，这时首部中的同步位 SYN=1，同时选择一个初始序号 x。TCP 规定，SYN 报文段（SYN=1 的报文段）不能携带数据，但要消耗一个序号。此时 TCP 客户进程进入"同步已发送"状态。这个过程也称为第一次握手过程。

（2）B 收到连接请求报文段后，如同意建立连接，则向 A 发送确认。在确认报文段中应把 SYN 和 ACK 位都置 1，确认号是 ack=x+1，同时也为自己选择一个初始序号 seq=y。这个报文段也不能携带数据，但同样要消耗掉一个序号。这时，TCP 服务器进程进入"同步收到"状态。如 B 不同意建立连接，则发送一个 RST=1 应答分段，表示拒绝建立连接。这个过程也称为第二次握手过程。

（3）A 进程收到 B 的确认后，还要向 B 给出确认。确认报文段的 ACK=1，确认号 ack=y+1，而自己的序号 seq=x+1。TCP 规定，ACK 报文段可以携带数据。但如果不携带数据则不消耗序号。这时，TCP 连接已经建立，A 进入"已建立连接"状态。这个过程也称为第三次握手过程。

（4）当 B 收到 A 的确认后，也进入"已建立连接"状态。

以上 TCP 连接建立过程经历了三次握手建立过程，通常也将 TCP 连接建立过程称为 TCP 协议三次握手。

2）TCP 连接释放过程

数据传输结束后，通信的双方都可释放连接。开始的时候，A 和 B 都处于"已建立连接"状态，如图 9.10 所示。

（1）A 的应用进程先向其 TCP 发出连接释放报文段，并停止再发生数据，主动关闭 TCP 连接。A 把连接释放报文段首部的 FIN 置 1，其序号 seq=u，它等于前面已传送过的数据的最后一个字节的序号加 1。这时 A 进入"终止等待-1"状态，等待 B 的确认。通常将这个过程称为第一次握手过程。

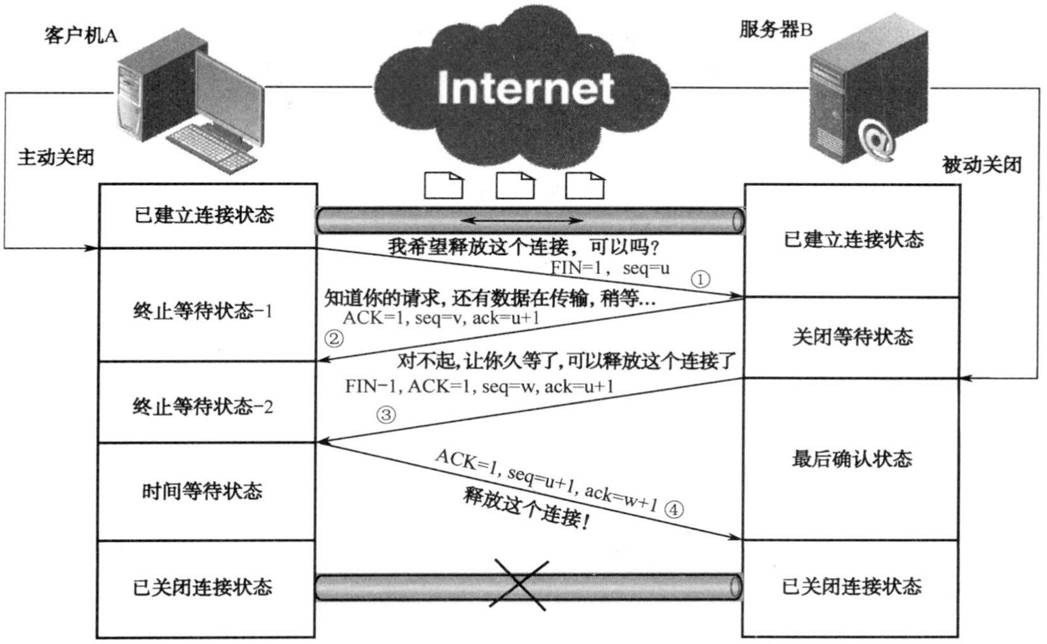

图 9.10　TCP 连接释放过程

（2）B 收到连接释放报文段后即发出确认，确认号是 ack=u+1，而这个报文段自己的序号是 v，等于 B 前面传送过的数据的最后一个字节的序号加 1。然后 B 就进入"关闭等待"状态。TCP 服务器这时通知高层应用进程，从 A 到 B 这个方向的连接就释放了，这时的 TCP 连接处于半关闭状态，即 A 已经没有数据要发送了，但 B 若发送数据，A 仍要接收。

（3）A 收到 B 的确认后，就进入"终止等待-2"状态，等待 B 发出的连接释放报文段。通常将这个过程称为第二次握手过程。

（4）B 已经没有要向 A 发送的数据，其应用进程就通知 TCP 释放连接。这时 B 发出的连接释放报文段必须使 FIN=1。现假定 B 的序号为 w（在半关闭状态下 B 可能又发送了一些数据）。B 必须重复上次已发送过的确认号 ack=u+1。这时 B 进入"最后确认"状态，等待 A 的确认。通常将这个过程称为第三次握手过程。

（5）A 收到 B 的连接释放报文段后，必须对此发出确认。在确认报文段中 ACK=1，确认号 ack=w+1，而自己的序号是 seq=u+1。然后进入到"时间等待"状态。时间到后进入关闭状态。通常将这个过程称为第四次握手过程。

（6）B 只要收到 A 发出的确认，就进入关闭状态。

以上 TCP 连接释放过程经历了四次握手建立过程，通常也将 TCP 连接释放过程称为 TCP 协议四次握手。

4．TCP 可靠传输

TCP 协议采用了许多机制来保证可靠的数据传输，如采用差错检测、序列号、确认、超时重传等。TCP 协议的目的是为了实现端到端进程之间的可靠数据传输。

（1）TCP 检错

TCP 协议采用差错检测技术，发现数据段在传输过程中受到的损伤。发送方在发送数据段之前通过差错算法计算检验和，并填入检验和字段中。接收方接收到数据段后运用相同的差错算法计算检验和。如果发现数据段在传输过程中有损伤，则丢弃该数据段，否则上交应用进程，如图 9.11 所示。

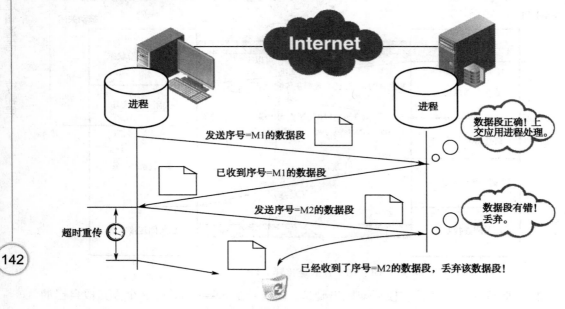

图 9.11　TCP 差错处理

（2）TCP 序列号

TCP 协议为了标识所发送的数据段，在每一个数据段上都添加一个唯一的序列号。如果由于某种原因（如超时重复等）发送方发送多个相同的数据段，接收方接收到两个以上的相同序列号的数据段，将只保留第 1 个接收的数据段，丢弃其他数据段，如图 9.12 所示。

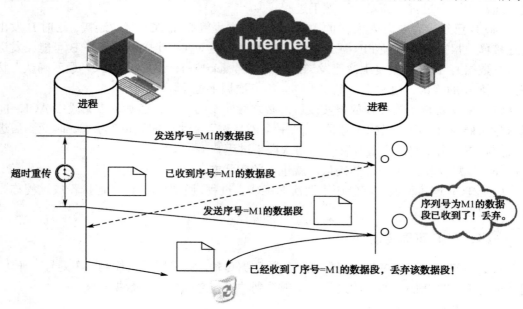

图 9.12　TCP 的序列号

（3）TCP 确认机制

TCP 协议采用数据段确认机制，确保数据段可靠传输。接收方接收到发送方的数据段后向发送方发送确认信息。发送方接收到确认信息后，发送下一个数据段，否则等待接收方的确认信息，如图 9.13 所示。

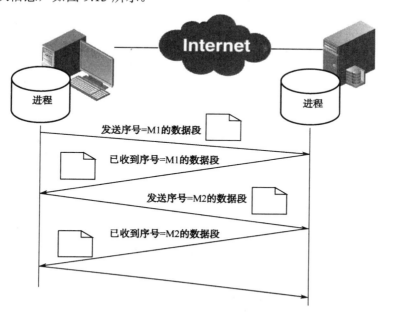

图 9.13　TCP 的确认机制

在实际应用中，可以根据网络实际情况连续发送多个数据段，然后对一组数据段进行统一确认，通常将这种行为称为累积确认。这样可以提高传输效率。例如，发送方连续发送数据段 1（序号为 1001）、数据段 2（序号为 1401）、数据段 3（序号为 1801）。接收方正确地接收到数据段 1、数据段 2 后，发送确认号为 1801 的确认信息；在正确接收到数据段 3 后，发送确认号为 2001 的确认信息。但是，确认号为 1801 的确认信息丢失了，在数据段 1 确认超时之前收到确认号为 2001 的确认信息。由于收到了确认号为 2001 的确认信息，接收方知道序号为 2000 之前的所有字节都已经正确接收。发送方可以忽略之前的确认信息的丢失行为，如图 9.14 所示。

（4）TCP 超时重传

TCP 每传输一个数据段都启动一个重传定时器。在定时器超时之前，接收方收到对方的确认信息，复位重传定时器；否则，发送方将自动重新发送该数据段。TCP 采用重传机制，确保数据流可靠传输，如图 9.15 所示。

5．TCP 流量控制

1）滑动窗口概述

TCP 协议采用可变长的滑动窗口机制进行流量控制，以防止由于发送端与接收端之间的数据处理能力不匹配而引起数据丢失。这里所说的"窗口"是指以字节为单位的主机队列缓存可用容量。"滑动"是指窗口大小是变化的。

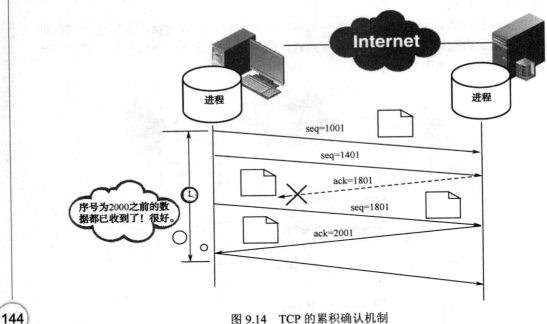

图 9.14　TCP 的累积确认机制

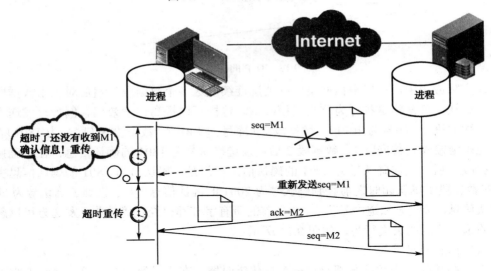

图 9.15　TCP 的超时重传机制

　　TCP 接收方接收队列中可用缓存容量称为接收窗口。接收窗口告诉发送方还有多少空闲存储空间，允许发送方同时还能发送多少字节的数据，如图 9.16 所示。TCP 发送方发送队列中的可用缓存容量称为发送窗口。发送窗口表示发送方允许发送数据的字节数量，如图 9.17 所示。

　　窗口的大小根据主机当前队列缓存大小随时调整，窗口越大同时接收数据量就越大。如果发送方的窗口值为 0，则发送方将停止发送数据段。

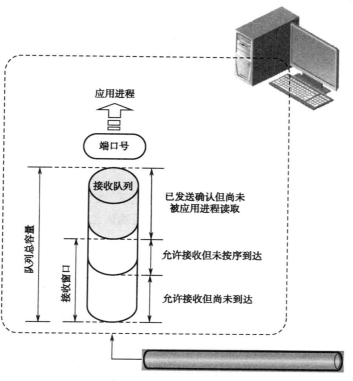

图 9.16 · TCP 接收窗口

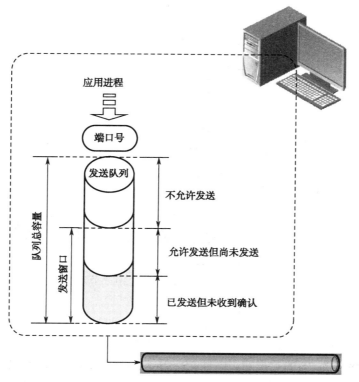

图 9.17 TCP 发送窗口

2）滑动窗口工作机制

TCP 接收方主机根据缓存队列中允许接收字节数量确定接收窗口大小。并将此接收窗口的大小通知发送方主机，发送方主机以此窗口值调整发送窗口大小。TCP 的滑动窗口是以字节为单位的。为了便于描述滑动窗口工作机制，将窗口值设置得比较小，并且数据段的序号也设置得比较小。与实际情况稍有不同。

例如，假设接收方 B 收到了发送方 A 发来的确认报文段，其中窗口是 10 字节，确认号是 25（表明 B 期望收到下一个序号是 25，而到序号 24 为止的数据已经收到了）。根据这两个数据，A 就构造出自己的发送窗口。

（1）发送窗口

发送窗口表示在没有收到接收方 B 确认的情况下，发送方 A 可以连续把窗口内的数据都发送出去。凡是已经发送过的数据，在未收到确认之前都必须暂时保存，以便在超时重传时使用，如图 9.18 所示。

发送窗口里面的序号表示允许发送的序号。发送窗口越大，发送方就可以在受到对方确认之前连续发送更多的数据，因而可能获得更高的传输效率。

146

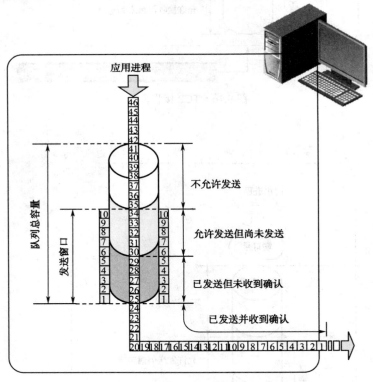

图 9.18　TCP 发送窗口为 10 字节

（2）接收窗口

接收方 B 的接收窗口是 10 字节。假设 B 收到了序号为 26、27 的数据。由于没有收到序号 25 数据，B 发送的确认号仍是 25，如图 9.19 所示。

当收到了序号为 25 的数据后，序号 25、26、27 的数据都已收到，发送确认号为 28。表示 27 号之前的数据都已收到。恰好应用进程读取队列中 3 个字节数据，则窗口中的数据向前移动 3 个数据位置，并保存接收窗口仍为 10 字节，如图 9.20 所示。

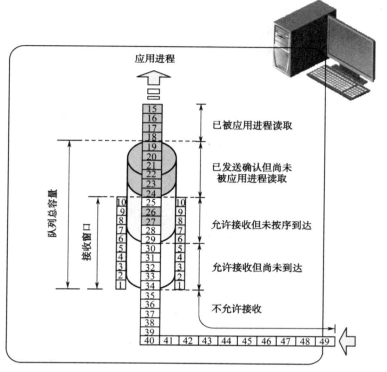

图 9.19　TCP 接收窗口为 10 字节

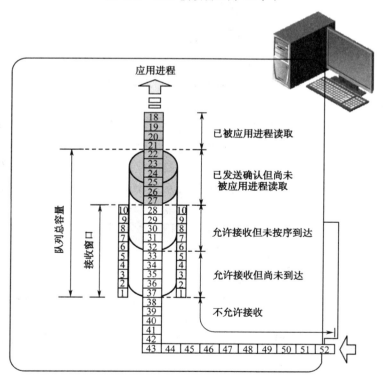

图 9.20　接收窗口内数据前移

如果接收方 B 收到了 25 号数据后，序号 25、26、27 的数据都已收到，发送确认号为 28。但是应用进程没有读取队列中的数据，接收窗口将减少为 7 个字节。发送方 B 会通知发送方 A 窗口值为 7，如图 9.21 所示。

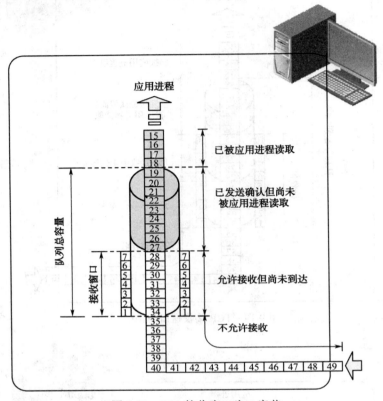

图 9.21　TCP 接收窗口为 7 字节

如果接收方 B 继续接收发送方 A 的数据，应用进程一直没有读取数据或发送方发送的速率大于接收方进程读取的速率，最终接收方的接收窗口将为 0，如图 9.22 所示。当发送方收到窗口为 0 的通知后，将停止发送数据。直到接收窗口重新恢复一定值为止。

从以上分析可以看出，TCP 利用窗口机制控制发送方发送数据量，进而协调 TCP 连接中发送方与接收方之间因主机处理能力差异造成不必要的麻烦。发送方的发送窗口除了受到接收方的接收窗口影响外，还与网络拥塞窗口有关。拥塞窗口的大小取决于网络的拥塞程度。发送窗口值为接收窗口和拥塞窗口中较小的值。

9.3.4　查看端口命令

在网络调试中，经常需要查看 UDP 及 TCP 相关端口信息，使用 Netstat 命令可以完成此任务。Netstat 是 Windows 命令窗口执行的命令行命令，可以通过此命令显示路由表、实际的网络连接以及每一个网络接口设备的状态信息。Netstat 用于显示与 IP、TCP、UDP 和 ICMP 协议相关的统计数据，一般用于检验本机各端口的网络连接情况。该命令格式如下：

```
C:\>netstat [-a] [-b] [-e] [-n] [-o] [-p proto] [-r] [-s]
```

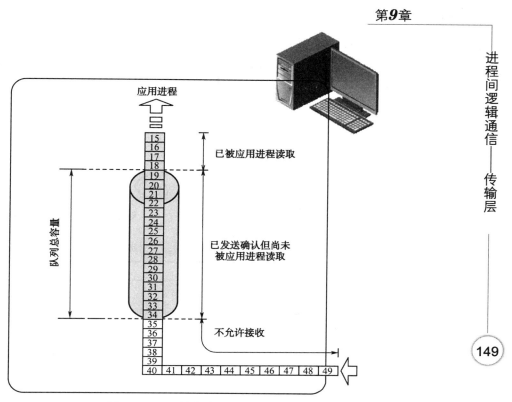

图 9.22　TCP 接收窗口为 0 字节

其中：

　　-a 显示所有连接和监听端口；

　　-b 显示包含创建每个连接或监听端口的可执行组件；

　　-e 显示以太网统计信息，此选项可以与 -s 选项组合使用；

　　-n 以数字形式显示地址和端口号，此选项可以与 -a 选项组合使用；

　　-o 显示与每个连接相关的所属进程 ID；

　　-p 显示 proto 指定的协议的连接，proto 可以是 TCP 协议、UDP 协议、TCPv6 协议或 UDPv6 协议之一；

　　-r 显示路由表；

　　-s 显示按协议统计信息，默认显示 IP、IPv6、ICMP、ICMPv6、TCP、TCPv6、UDP 和 UDPv6 的统计信息；

　　-p 选项用于指定默认情况的子集。

　　例如，以数字形式显示所有连接与端口号：

```
C:\>netstat –an
```

9.4　应用实践

9.4.1　背景描述

星空科技公司在沈阳办事处由于业务不断扩大，公司决定将沈阳办事处升级为沈阳分公司，分公司办公室计算机数量也增加到 5 台，并需要接入 Internet。分公司利用原来申请的 ADSL 宽带线路，通过无线路由器实现小型办公室局域网，通过 ADSL 接入方式访问 Internet 网络，如图 9.23 所示。

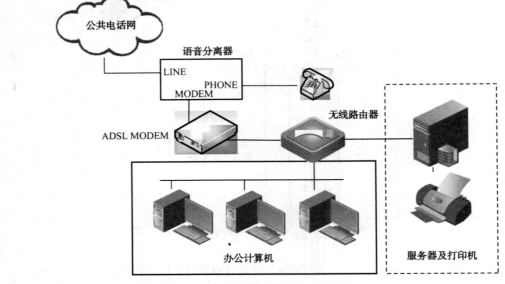

图 9.23　多台计算机通过 ADSL 接入 Internet

9.4.2　设备安装

▶1．ADSL MODEM 与无线路由器连接

按照 ADSL MODEM 安装说明，将 LINE 端连接接入电话线，MODEM 端接入到无线路由器 WAN 接口。

▶2．无线路由器与计算机连接

无线路由器的 LAN 接口通过双绞线连接至计算机网卡或通过无线与计算机无线网卡连接。

9.4.3　设备配置

▶1．无线路由器配置

本实例使用的无线路由器为 SMCWBR14-G3，其他型号路由器的配置可能略有不同，具体操作请参看产品说明书。

（1）在浏览器 URL 中输入无线路由器默认 IP 地址 192.168.2.1，出现登录界面后，输入默认登录密码 smcadmin，单击"登录"按钮。

（2）在无线路由器配置窗口中，单击"LAN 配置"，选择"启动 DHCP 服务器"选项，配置 DHCP IP 地址池为 192.168.2.100～192.168.2.200，然后单击"保存配置"按钮，如图 9.24 所示。

图 9.24　配置无线路由器 LAN 参数

（3）在无线路由器配置窗口中，单击"WAN 配置"，选择"PPPoE "选择，单击"更多配置"按钮，配置 ADSL 的用户名称和密码等参数，如图 9.25 所示。

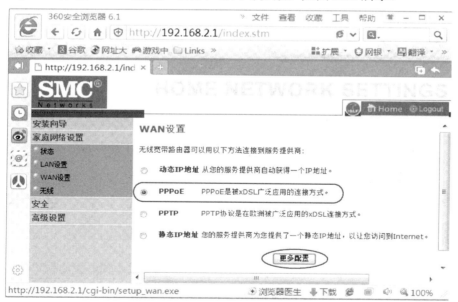

图 9.25　配置无线路由器 WAN 参数

（4）在无线路由器配置窗口中，单击"高级设置"，单击"NAT"选项，在"NAT设置"中选择"启用"按钮，如图 9.26 所示。

（5）单击"地址映射"选项，设置地址映射参数，如图 9.27 所示。

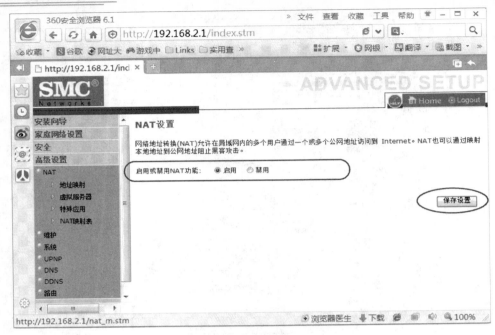

图 9.26　启用无线路由器 NAT

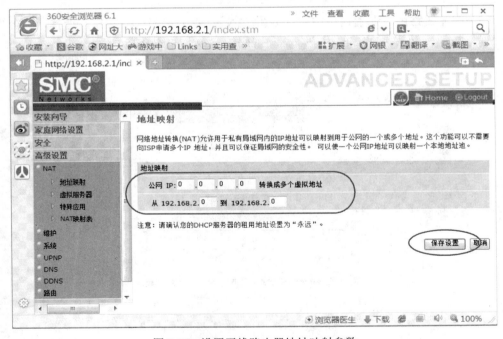

图 9.27　设置无线路由器地址映射参数

▶2. 主机配置

由于无线路由器中配置了 DHCP，计算机的 IP 地址可以设置为自动获取。计算机的网关 IP 地址为无线路由器的 IP 地址 192.168.2.1，DNS 服务器地址根据当地网络位置正常配置即可。

练习题

1. 选择题

（1）用户数据报协议 UDP 是传输层协议，下面（　　）属性不是 UDP 的特性。

    A. 面向非连接的　　　　　B. 非可靠的　　　　　C. 面向报文的　　　　　D. 可靠传输的

（2）UDP 报文首部包含 4 个字段，下面（　　）不是 UDP 字段。

    A. 源端口　　　　　　　　B. 目的端口　　　　　C. 协议　　　　　　　　D. 检验和

（3）UDP 报文的首部长度是（　　）字节。

    A. 4　　　　　　　　　　B. 6　　　　　　　　　C. 8　　　　　　　　　D. 16

（4）传输控制协议 TCP 是传输层协议，下面（　　）属性不是 TCP 的特性。

    A. 面向连接的　　　　　　B. 非可靠的　　　　　C. 面向字节的　　　　　D. 可靠传输的

（5）TCP 报文的首部固定长度是（　　）字节。

    A. 16　　　　　　　　　　B. 20　　　　　　　　C. 24　　　　　　　　D. 32

2. 简答题

（1）描述用户数据报协议 UDP 的特点、作用及应用场合。

（2）描述传输控制协议 TCP 的特点、作用及应用场合。

（3）描述 TCP 连接建立工作过程。

（4）描述 TCP 连接释放工作过程。

（5）描述 TCP 流量控制机制。

第 *10* 章
DHCP 应用——应用层

➡️ 本章导入

在网络应用过程中，主机若想接入网络，必须进行必要的网络参数配置（如 IP 地址、子网掩码、默认网关、DNS 服务器等）。在公共场所（如会议室、机场候机厅等）中如果为每台主机人工配置网络参数，工作量大、繁杂，几乎不可能实现。因此，需要提供一种机制能够为每台需要上网的主机自动配置网络参数，本章将介绍的动态主机配置协议便能够解决此问题。

10.1 提出问题

在公共场所（会议室、机场候机厅）需要提供无线上网环境，便于人们使用网络，如何为每台需要上网的主机配置网络参数（如 IP 地址、子网掩码、默认网关、DNS 服务器等）呢？另外，有人由于工作需要，需要带笔记本电脑在办公室上网，笔记本电脑的网络参数必须不断修改，以适应不同网络环境。如何解决这些烦琐、大量的工作呢？下面即将介绍的动态主机配置协议 DHCP 可以很好地解决此类问题。

10.2 工作任务

本章节中，通过学习将完成如下工作任务：

（1）描述 DHCP、DHCP 代理的作用及应用环境；

（2）描述 DHCP 及 DHCP 代理工作过程；

（3）描述配置 DHCP 步骤及方法。

10.3 预备知识

10.3.1 动态主机配置协议 DHCP

➤ 1. DHCP 概述

动态主机配置协议 DHCP（Dynamic Host Configuration Protocol）是一种在网络中常用的动态配置网络参数技术，代替网络管理员手工配置及维护相关网络参数。

主要应用于公共场所，如会议室、机场等公共场所，这些区域人员流动性比较大，人们在空闲时间需要上网时，人工进行协议配置既不方便，也容易出错。另外就是经常改变网络位置的主机，如人们带笔记本在办公室、在家里、在图书馆等需要上网，同样存在配置网络协议的问题。

DHCP 使用 UDP 传输协议，使用 67、68 端口号，DHCP 客户端使用端口号为 68；DHCP 服务器端口号为 67。.

▶2. DHCP 工作过程

DHCP 工作过程如下：

（1）发现阶段

发现阶段是 DHCP 客户端寻址 DHCP 服务器阶段。在这期间，由于 DHCP 客户端还没有可用的 IP 地址，那么 DHCP 客户端使用目的 IP 地址 255.255.255.255 和目的 MAC 地址 FFFF-FFFF-FFFF 以广播方式发送 DHCPDISCOVER 发现报文。网络中的每一台主机（包括所有客户端主机及 DHCP 服务器）都会收到这个发现报文，如图 10.1 所示。

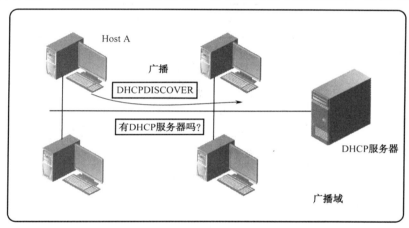

图 10.1　DHCP 发送发现报文

（2）提供阶段

提供阶段是 DHCP 服务器提供 IP 地址的阶段。DHCP 服务器收到 DHCPDISCOVER 报文后，从 DHCP 服务器中尚未分配的 IP 地址中选出一个 IP 地址分配给 DHCP 客户端，并通过向 DHCP 客户端发送一个包含待分配的 IP 地址和其他网络参数的 DHCPOFFER 提供报文作为对客户端的响应，如图 10.2 所示。

（3）选择阶段

选择阶段是 DHCP 客户端对 DHCP 服务器提供的 IP 地址进行选择的阶段。如果网络中有多台 DHCP 服务器同时提供 DHCP 服务，DHCP 客户端只接收第一个收到的 DHCPOFFER 报文，然后 DHCP 客户端以广播方式发送 DHCPREQUEST 请求报文作为对 DHCP 服务器的响应，如图 10.3 所示。

（4）确认阶段

确认阶段是 DHCP 服务器向客户端确认所提供 IP 地址可以使用的阶段。当 DHCP 服务器收到 DHCP 客户端的 DHCPREQUEST 请求报文后，向客户端发送一个包含所提供 IP 地址及其他网络参数的 DHCPACK 确认报文,表明客户端可以使用所提供的网络参数。DHCP 客户端收到 DHCPACK 确认报文后,开始使用 IP 地址及其他网络参数进行网络配置,如图 10.4 所示。

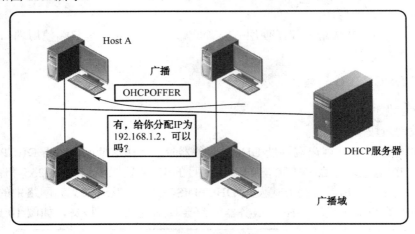

图 10.2　DHCP 发送提供报文

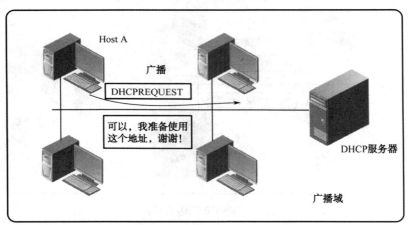

图 10.3　DHCP 发送选择报文

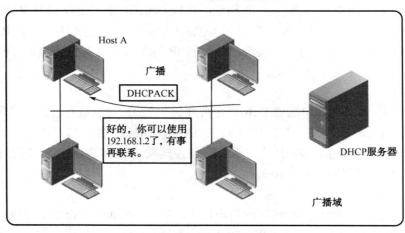

图 10.4　DHCP 发送确认报文

DHCP 服务器分配给主机的 IP 地址是临时的，因此 DHCP 主机只能在一段有限时间内使用这个分配的 IP 地址。DHCP 协议将这段临时使用 IP 地址的时间称为租用期，但并没有具体规定租用期应取多长时间，这个数值应由 DHCP 服务器自己决定。

10.3.2　DHCP 中继代理

▶1．DHCP 中继代理概述

DHCP 客户端通过广播方式发送 DHCPDISCOVER 发现报文，发现 DHCP 服务器，实现 DHCP 服务功能。在大型网络中，往往划分了多个子网，每个子网是一个广播域，DHCPDISCOVER 发现报文到达子网网关终止，如果 DHCP 客户端及服务器不在同一个广播域内，则不能实现 DHCP 服务功能。若要在这种情况下实现 DHCP 服务功能，需要设置 DHCP 中继代理。

DHCP 中继代理可以在路由器或三层交换机上设置，在 DHCP 客户端及服务器间中转相关报文。DHCP 客户端与代理间仍采用广播方式，DHCP 服务器与代理间采用单播方式，如图 15.5 所示。

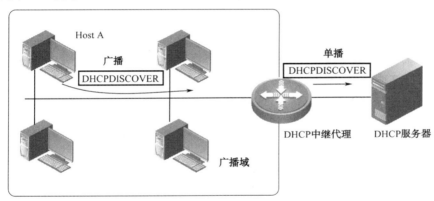

图 10.5　DHCP 中继代理

▶2．DHCP 中继代理工作过程

具体工作过程如下：

（1）发现阶段

客户端使用广播方式发送 DHCPDISCOVER 发现报文，DHCP 中继代理收到后，记录客户端子网地址信息，并以单播方式转发 DHCPDISCOVER 发现报文到达 DHCP 服务器。

（2）提供阶段

当 DHCP 服务器收到 DHCPDISCOVER 发现报文后，根据客户端子网地址信息分配相应子网的地址，并以单播方式发送 DHCPOFFER 提供报文给中继代理。DHCP 中继代理收到 DHCPOFFER 提供报文后，以广播方式转发 DHCPOFFER 提供报文到达客户端子网。

（3）选择阶段

当客户端收到 DHCPOFFER 提供报文后，仍以广播方式发送 DHCPREQUEST 选择报文。DHCP 中继代理收到后，以单播方式发送 DHCPREQUEST 选择报文到达 DHCP 服务器。

（4）确认阶段

当 DHCP 服务器收到 DHCPREQUEST 选择报文后，以单播方式发送 DHCPACK 确认报文给 DHCP 中继代理。DHCP 中继代理以广播方式将 DHCPACK 确认报文转发给客户端，客户端使用 DHCP 服务器分配的 IP 地址及其他网络参数配置网络。

从以上工作过程看出，DHCP 中继代理在 DHCP 客户端及服务器间起到中转服务功能，从而实现 DHCP 服务器为不同子网提供 DHCP 网络服务。

▶3. 配置 DHCP 中继代理

（1）启用 DHCP 中继代理

默认情况下，路由器未启用 DHCP 中继代理。若使用 DHCP 服务器，必须启用 DHCP 服务，启用 DHCP 中继代理命令格式如下：

```
Route(config)# service dhcp
```

（2）配置 DHCP 服务器 IP 地址

在 DHCP 中继代理上配置 DHCP 服务器的 IP 地址后，DHCP 代理将所收到主机的请求报文转发给 DHCP 服务器，同时，收到的来自 DHCP 服务器的响应报文也会转发给主机。

DHCP 服务器地址可以全局配置，也可以在三层接口上配置，每种配置模式都可以配置多个服务器地址，最多可以配置 20 个服务器地址。若某接口收到 DHCP 请求，则首先使用接口 DHCP 服务器；如果接口上面没有配置服务器地址，则使用全局配置的 DHCP 服务器。

配置 DHCP 服务器 IP 地址命令格式如下：

```
Route(config)# IP helper-address A.B.C.D
```

其中：

A.B.C.D 为 DHCP 服务器地址。

例如，某公司网络使用 DHCP 服务器进行动态地址分配。DHCP 服务器与客户端分别位于不同子网，如图 15.6 所示。客户端子网地址为 172.16.1.0/24， DHCP 服务器 IP 地址为 192.168.1.252/24，DNS 服务器 IP 地址为 192.168.1.253/24，，WINS 服务器 IP 地址为 192.168.1.254/24。客户端的 NETBIOS 节点类型为 Hybrid，地址租期为 4 天。现需要配置 DHCP 中继代理，使得客户端自动获得 IP 地址等网络参数。

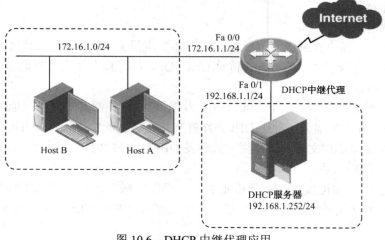

图 10.6　DHCP 中继代理应用

DHCP 中继代理配置如下：

```
Route(config)#service dhcp
Route(config)#interface fastehter 0/0
Route(config-if)#ip address 172.16.1.1 255.255.255.0
Route(config-if)#ip helper-address 192.168.1.252
Route(config-if)#end
Route#
```

10.4 应用实践

10.4.1 背景描述

星空科技公司经常在学术报告厅召开学术报告会议，公司决定在学术报告厅布置无线网络环境，且能够提供 IP 地址自动分配等功能。报告厅的网络拓扑如图 10.7 所示。

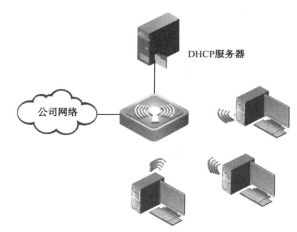

图 10.7 学术报告厅网络拓扑

10.4.2 系统配置

1. DHCP 服务器配置

为了能够提供 DHCP 服务功能，让客户端能够自动获得 IP 地址，需要在网络中安装 DHCP 服务器。在 Windows 2008 系统默认没有安装 DHCP 服务器，因此需要安装 DHCP 服务器。安装 DHCP 服务器的主机要使用固定 IP 地址（本例中使用 192.168.11.230/24），在安装 DHCP 服务器之前必须设置完毕。

安装与配置 DHCP 服务器的步骤如下。

（1）启动 Windows 2008 系统后，以 Administrator 身份登录。单击"开始"→"管理工具"→"服务器管理"，进入"服务器管理器"窗口，单击"角色"选项，如图 10.8 所示。

（2）单击"添加角色"，然后单击"服务器角色"选项，进入"选择服务器角色"窗口，如图 10.9 所示。选择"DHCP 服务器"选项，单击"下一步"按钮。

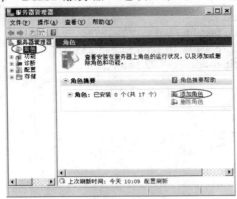

图 10.8　添加服务器角色

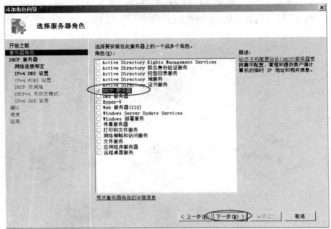

图 10.9　选择服务器角色

（3）进入"DHCP 服务器简介及注意事项"窗口，阅读后，单击"下一步"按钮。进入"选择网络连接绑定"窗口，选择 DHCP 服务器使用的 IP 地址，如图 10.10 所示，单击"下一步"按钮。

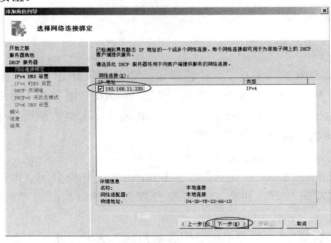

图 10.10　选择服务器 IP 地址

（4）进入"指定 IPv4 DNS 服务器设置"窗口，设置父域名称和 DNS 服务器 IP 地址，单击"下一步"按钮，如图 10.11 所示。

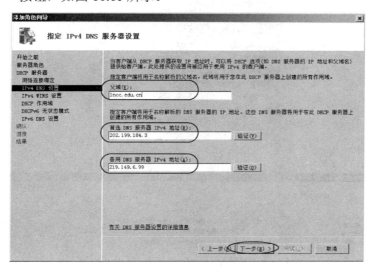

图 10.11　设置 DNS 服务器信息

（5）进入"设置 WINS 服务器地址信息"窗口，此处我们不设置，直接单击"下一步"按钮，如图 10.12 所示。

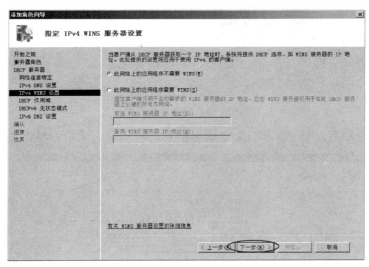

图 10.12　设置 WINS 服务器信息

（6）进入"添加作用域"窗口，设置起始 IP 地址、结束 IP 地址、子网掩码、默认网关，选择"激活此作用域"选项，然后单击"下一步"按钮，如图 10.13 所示。

（7）此时，系统出现 IPv6 设置窗口，可以根据实际情况进行设定。在此我们不涉及 IPv6，因此直接连续两次单击"下一步"按钮，跳过对 IPv6 的设置。

（8）系统弹出"确认安装选择"窗口，阅读窗口列出设置的信息，无误后单击"安装"按钮，如图 10.14 所示。

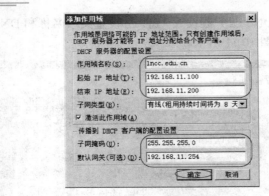

图 10.13　设置作用域信息

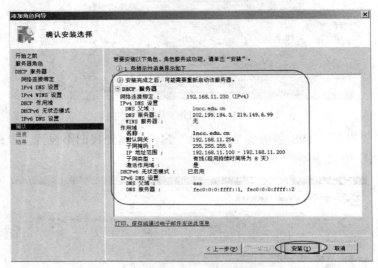

图 10.14　确认安装信息

（9）安装成功后，显示如图 10.15 所示信息，表示安装成功。单击"关闭"按钮。

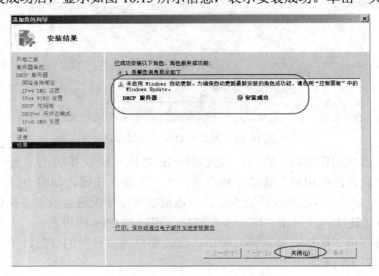

图 10.15　安装成功

2. 客户端配置

（1）在客户端主机上使用 Win7 操作系统。启动 Win7 操作系统后，单击"开始"→选择"控制面板"→"网络和共享中心"，然后选择并单击"网络适配器设置"选项。

（2）进入"网络适配器设置"窗口后，选择并右击"网络连接"，然后单击"属性"→选择"Internet 协议版本 4（TCP/IPv4）"→"属性"选项。

（3）选择"自动获得 IP 地址"单选按钮，选择"自动获得 DNS 服务器地址"单选选项，如图 10.16 所示。单击"确认"按钮。

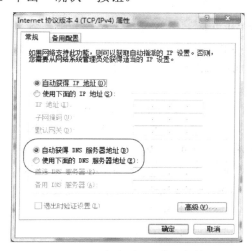

图 10.16 客户端 TCP/IP 参数

至此，服务器及客户端相关设置全部完成。在 DHCP 服务器正常运行的情况下，启动客户端主机将自动获得 IP 地址等网络参数。在客户端命令提示符方式下，使用 ipconfig/all 命令可以看到获得的 IP 地址等网络参数，如图 10.17 所示。

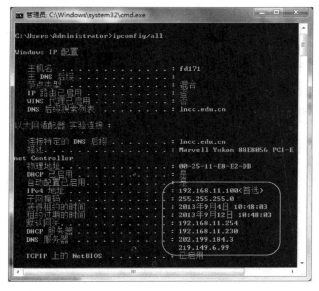

图 10.17 客户端自动获得的网络参数

练习题

1. 选择题

（1）动态主机配置协议 DHCP 主要是提供（　　）功能。

    A. IP 地址转换为 MAC 地址　　　　　　　　B. MAC 地址转换为 IP 地址

    C. 域名解析　　　　　　　　　　　　　　　D. 分配 IP 地址

（2）动态主机配置协议 DHCP 是（　　）协议。

    A. 物理层　　　　　B. 链路层　　　　　C. 网络层　　　　　D. 应用层

（3）动态主机配置协议 DHCP 使用（　　）协议。

    A. UDP67、68　　　　　　　　　　　　　　B. TCP67、68

    C. UDP20、21　　　　　　　　　　　　　　D. TCP20、21

（4）在路由器或三层交换机上指向 DHCP 服务器 IP 地址 192.168.1.10 的命令为（　　）。

    A. Route(config)# IP helper-address 192.168.1.10

    B. Route(config)# IP helper-address 192.168.1.10　　255.255.255.0

    C. Route(config)# IP address 192.168.1.10

    D. Route(config)# address 192.168.1.10

2. 简答题

（1）描述 DHCP 的工作过程。

（2）说明 DHCP 中继代理的应用场合。

（3）描述 DHCP 中继代理的工作过程。

DNS 应用——应用层

➡️ 本章导入

在 TCP/IP 网络体系中，每一个设备都必须拥有一个唯一的 IP 地址，以标识该设备在网络中位置。但是 32 位二进制长度的 IP 地址非常不容易记忆，即使采用了点分十进制表示，也不容易记忆。为了便于用户使用网络服务，我们通常使用更容易记忆的字符串网络地址名称代替 IP 地址。这种特殊的字符串网络地址名称也称为域名。例如，辽宁省交通高等专科学校网站的域名为 www.lncc.edu.cn，对应的 IP 地址为 202.199.184.12，很明显域名比 IP 地址更容易记忆。本章首先描述域名及域名系统的构成、特性等相关知识，最后介绍配置域名系统的步骤及方法。

11.1 提出问题

TCP/IP 网络中使用域名系统能够使用户容易记忆网络地址。但是域名系统 DNS 是如何构成的以及它怎样管理 DNS 域名呢？DNS 是如何将用户使用的域名解析成 IP 地址的呢？它又是怎样进一步完成数据报的传输呢？如何配置本地 DNS 服务器？这些问题都需要我们一一解决。

11.2 工作任务

本章节中，通过学习将完成如下工作任务：
（1）描述域名结构、DNS 体系构成；
（2）描述 DNS 解析过程；
（3）描述配置本地 DNS 服务器步骤及方法。

11.3 预备知识

11.3.1 域名系统 DNS 概述

域名系统 DNS（Domain Name System）是 Internet 使用的命名系统，用来将用户使用的易于记忆的字符串名称转换为 IP 地址。由于在该命名系统中包含一定数量的域，并且每个域名中既包含主机所在的域信息又包含主机标识符信息，通常将这样的主机地址

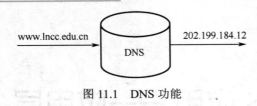

图 11.1　DNS 功能

名称称为域名。例如，www.lncc.edu.cn 为辽宁省交通高等专科学校网站域名，其中 lncc.edu.cn 为该网站所在域的域名称，而 www 为该网站服务器在 lncc.edu.cn 域的标识符，如图 11.1 所示。

在 TCP/IP 协议中，用户主机需要与目标主机通信时，将目的主机域名放入 DNS 请求报文中，使用 UDP 用户数据报发送 DNS 请求报文至本地 DNS 服务器，本地 DNS 服务器端口号为 53。本地 DNS 服务器收到用户的 DNS 请求报文、查询域名后将对应的 IP 地址放置在响应报文中发送至用户。用户应用进程获得目的主机 IP 地址后即可进行通信。

1. 域名结构

（1）域名概述

早期的 Internet 使用无层次命名机制，主机的名称简单地由一个字符串组成，其优点是简单。无层次的命名机制中由单一机构通过查询表格方式将全网的字符串名称解析成 IP 地址。但是这种命名机制也存在一些缺点，例如，随着 Internet 中主机数量增加，名字冲突的可能性越来越大、管理机构工作量越来越大、集中解析方式效率低等。

因此，急需对无层次命名机制进行改变。采用层次命名机制可以很好地解决上述问题。层次命名机制中将名字空间划分为一个树形结构，如图 11.2 所示。为了方便管理，将名字空间划分成若干个区域，每个区域由一个机构独立管理，该区域称为域。域还可以划分为子域，而子域还可继续划分子域的子域，形成顶级域、二级域、三级域等。

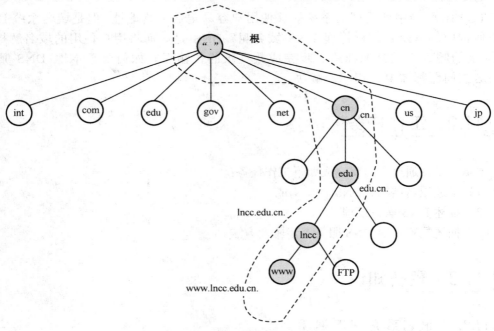

图 11.2　域名树状结构

域名系统使得连接到网络中的任何主机或路由器都可以拥有一个唯一的域名。每个域名都是由一个或多个标识符有序构成，而各个标识符之间由点"."隔开。如域名 www.lncc.edu.cn 是由 www、lncc、edu、cn 标识符有序构成。其中 cn 为顶级域名标识符，

edu 为二级域名标识符，lncc 为三级域名标识符，www 为四级域名标识符。

DNS 规定，域名中的标识符都由英文字母和数字构成，每个标识符不超过 63 个字符，不区分大小写字母。标识符中除连字符"-"外不能使用其他的标点符号。级别最低的域名标识符写在域名的左边，而级别最高的顶级域名标识符则写在最右边。由多个标识符组成的完整域名总共不能超过 255 个字符。DNS 既不规定一个域名需要包含多少个下级域名，也不规定每一级域名代表什么意思。各级域名由上一级的域名管理机构管理，而最高的顶级域名由 ICANN 机构管理。使用这种方法可使每一个域名在整个 Internet 范围内是唯一的，并且也容易设计出一种查找域名的机制。

（2）顶级域名

顶级域名是由 ICANN 机构独立管理的域名，也是整个 DNS 域名系统的核心。其他域名都是在顶级域名的基础上发展起来的。顶级域名分为三类。

第一类：国家顶级域名，以国家为单位分配的域名。每个申请加入 Internet 的国家都可以获得一个国家顶级域名，由国家指定一个部门管理该国家域。目前国家域名共计 247 个。如：cn 代表中国，us 代表美国等。

第二类：通用顶级域名，以行业、组织类型等领域为单位分配域名。每个行业、组织类型都可以获得一个通用顶级域名，由行业、组织指定一个机构管理该行业、组织类型的顶级域名。目前通用顶级域名共计 18 个。如：com 代表公司企业，net 代表网络服务机构，org 代表非营利性组织等。

第三类：基础结构域名，这种顶级域名只有一个，即 arpa，用于反向域名解析。

（3）其他域名

每个顶级域都指定一个子管理机构管理该域，在该顶级域内可以继续划分二级域，并将各二级域的管理权限授予其下属的管理机构，二级域再划分三级域，将三级域的管理权限授予其下属的管理机构，如此下去，形成层次域名结构，如图 11.3 所示。

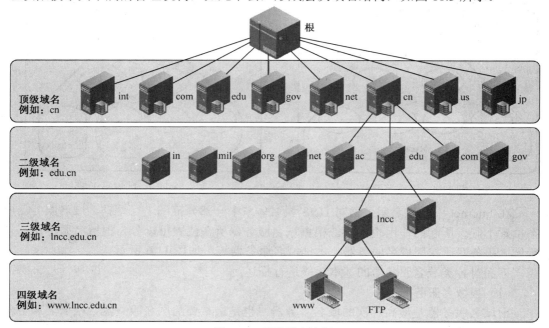

图 11.3　层次域名空间

我国把顶级域名 cn 下注册的二级域名划分为"类别域名"和"行政区域名"。

"类别域名"共 7 个，分别为 ac（科研机构）、com（工、商、金融等企业）、edu（中国的教育机构）、gov（中国的政府机构）、mil（中国的国防机构）、net（提供互联网络服务的机构）、org（非营利性的组织）。

"行政区域名"共 34 个，分属于我国的各省、自治区、直辖市。如：bj（北京市）、ln（辽宁省）等。

▶2. 域名服务器

域名系统的功能是通过分布在各地的域名服务器实现的。从理论上讲，可以让每一级的域名都有一个相对应的域名服务器，使所有的域名服务器构成如图 11.3 所示的域名树结构。但是这样做会使域名服务器数量太多，使域名系统的运行效率降低。因此 DNS 就采用划分区的办法来解决此问题。

所谓的"区"是指一个服务器所负责的管辖范围。各单位根据具体情况来划分自己管辖范围的区。但是在一个区汇总的所有节点必须是能够连通的。每个区设置相应的权限服务器，用于保存该区域中的所有主机的域名到 IP 地址的映射。

由此可以看出，DNS 服务器的管辖范围不是以"域"为单位，而是以"区"为单位。区是 DNS 服务器实际管辖的范围。区可能等于域，如图 11.4 所示，域 edu.cn 设置一个 DNS 服务器，管辖 edu.cn 区；或者区小于域，如图 11.5 所示，域 edu.cn 分别设置两个 DNS 服务器，分别管辖 edu.cn 区和 x.edu.cn 区。但区一定不可能大于域。

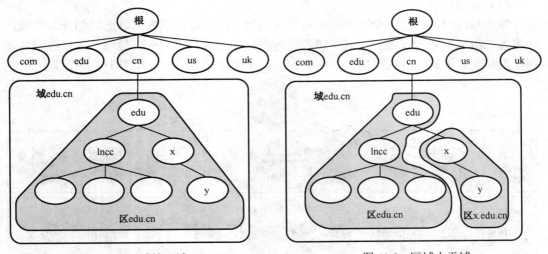

图 11.4　区域等于域　　　　　图 11.5　区域小于域

在 Internet 中，域名服务器对 DNS 域名体系中一部分范围进行管辖。域名服务器所在位置不同，所起的作用也不同。根据域名服务器所在位置可以分为根域名服务器、顶级域名服务器、权限域名服务器、本地域名服务器等，如图 11.6 所示。

下面对各类域名服务器的基本功能进行描述。

（1）根域名服务器

根域名服务器是最高层次的域名服务器，也是最重要的域名服务器。根域名服务器负责对所有的顶级域名服务器的域名和 IP 地址解析，如图 11.7 所示。例如，根域名服务器负责对 247 个国家顶级域名、18 个通用顶级域名、1 个基础结构域名进行解析。

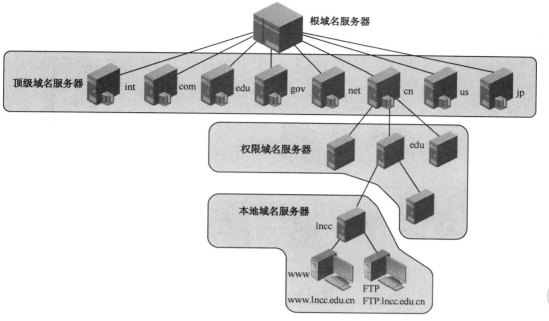

图 11.6 域名服务器类型

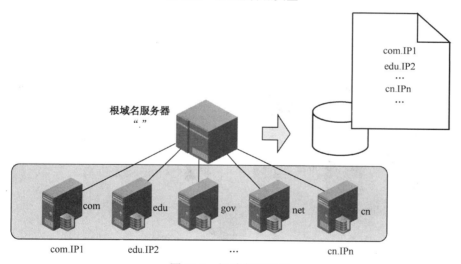

图 11.7 根域名服务器

（2）顶级域名服务器

顶级域名服务器是直接注册在根域名服务器下面的负责在该顶级域名服务器注册的所有二级域名解析任务的主要域名服务器，如图 11.8 所示。例如，cn 顶级域名服务器负责对中国区域内的域名进行解析，包括 7 个类别二级域名、34 个行政区二级域名进行解析。

（3）权限域名服务器

权限域名服务器是负责一个区的域名服务器，如图 11.9 所示。如 edu.cn 域名服务器负责 edu.cn 区的域名解析。

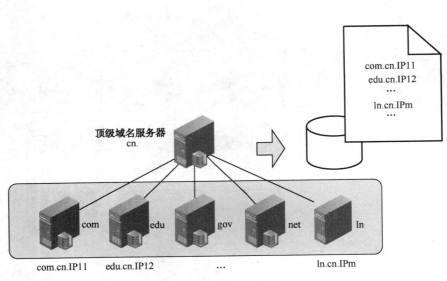

图 11.8　顶级域名服务器

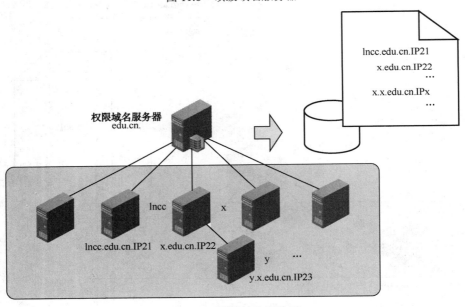

图 11.9　权限域名服务器

（4）本地域名服务器

本地域名服务器是负责一个单位内部域名的解析任务，如图 11.10 所示。如 ISP、公司、大学都可以设置自己的本地域名服务器。本地域名服务器直接接收用户的域名解析请求。用户主机配置网络属性时需要设定 DNS 服务器 IP 地址，这个 DNS 服务器就是指本地域名服务器。例如，辽宁省交通高等专科学校本地域名服务器为 lncc.edu.cn。

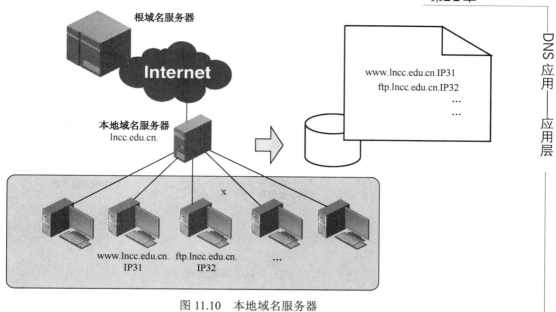

图 11.10　本地域名服务器

11.3.2　域名解析过程

1. 域名解析过程概述

（1）向本地域名服务器查询

首先主机向本地域名服务器发送一个 DNS 请求报文。本地域名服务器接到请求报文后，在本地域名数据库查询该域名对应的 IP 地址。如果查询成功，就直接将查询结果回复给主机；如果没有查询到，本地域名服务器将向根域名服务器发送请求报文。

（2）向根域名服务器查询

本地域名服务器将向根域名服务器发送请求报文，当根域名服务器收到本地域名服务器的请求报文后，查询域名数据库后，向本地域名回复一个 IP 地址信息。

（3）向顶级域名服务器查询

本地域名服务器向这个 IP 地址指向的顶级域名服务器发送请求报文，顶级域名服务器接收请求报文后，查询域名数据库。如果查询到域名对应的 IP 地址，将查询结果返回给本地域名服务器；如果没有查询到，顶级域名服务器向本地域名服务器返回下一步需要继续查询的权限域名服务器 IP 地址。

（4）向权限域名服务器查询

本地域名服务器收到这个 IP 地址后，继续向权限域名服务器发送请求报文。权限域名服务器收到请求报文后，查询域名数据库。如果查询到域名对应的 IP 地址，将查询结果返回给本地域名服务器；如果没有查询到，该权限域名服务器向本地域名服务器返回下一步需要继续查询的另一个权限域名服务器的 IP 地址。如此循环下去，直到查询到域名对应的 IP 地址为止。

（5）本地域名服务器向主机返回 IP 地址

当本地域名服务器接收了已查询到的域名对应的 IP 地址后，将该 IP 地址返回给主机，至此一个完整的 DNS 查询过程结束。

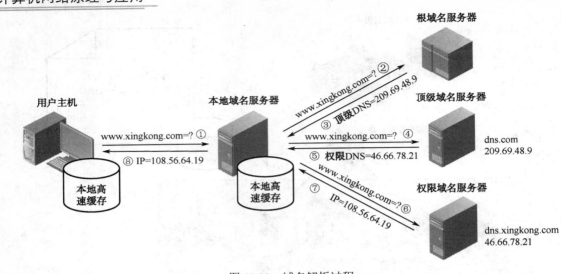

图 11.11　域名解析过程

在以上 DNS 查询过程中，有两种类型查询是不同的。一类是主机向本地域名服务器的查询。该类查询是主机向本地域名服务器发出查询请求后，本地域名服务器查询本地域名数据库，如果没有查询到域名对应的 IP 地址，由本地域名服务器代替用户主机向根域名服务器、顶级域名服务器、权限域名服务器继续查询，直到查询到域名对应的 IP 地址后，返回给主机，我们将这类查询方式称为递归查询（recursive query）。

另一类是本地域名服务器向根域名服务器、顶级域名服务器、权限域名服务器的查询。该类查询是本地域名服务器向根域名服务器、顶级域名服务器、权限域名服务器发送查询请求报文，这些域名服务器收到查询报文后，查询域名数据库，如果没有查询到域名对应的 IP 地址，返回给本地域名服务器一个指向下一处查询域名服务器的 IP 地址（不代替本地域名服务器查询），由本地域名服务器根据所给的 IP 地址继续查询，我们将这类查询方式称为迭代查询（iterative query）。

2．域名系统性能优化

（1）根域名服务器任播查询

根域名服务器是一些非常重要的 DNS 服务器，是整个 DNS 系统的核心，也承担着繁重的查询任务。为了减轻其查询负担，提高查询效率，每一个 DNS 服务器都由分布在世界各地的一组服务器组成支撑。当用户向某个根域名服务器发送查询请求时，DNS 系统能就近找到一个根域名服务器提供服务。

（2）本地域名服务器高速缓存

为了提高 DNS 查询效率，并减轻根域名服务器的负担和减少 Internet 上的 DNS 报文数量，在本地域名服务器中配置一定数量的高速缓存。高速缓存用来存放最近查询过的域名记录，当再次查询该域名时，如果在高速缓存中能够查询到，就不需要到根域名服务器查询了，从而大大减轻了根域名服务器的负担，也能够使 Internet 上 DNS 查询请求和回答报文的数量大为减少。

（3）主机高速缓存

不但域名服务器需要高速缓存，主机中也需要高速缓存。许多主机在启动时从本地域名服务器下载域名和地址的全部数据库，维护存放自己最近使用的域名高速缓存，并且只有在高速缓存中查询不到域名时才使用本地域名服务器查询。从而提升了主机域名解析速度，减轻了本地域名服务器的负担。

3. 域名查询命令

完成一个 DNS 服务器的配置后，为了验证 DNS 服务器是否正常工作，我们可以简单地使用 Ping 命令检查。但是，Ping 指令只是一个检查网络连通情况的命令，虽然在输入的参数是域名的情况下也会通过 DNS 进行查询，但是它只能查询 A 类型和 CNAME 类型的记录，而且只会告诉你域名是否存在，无法反馈其他的信息。

如果需要对 DNS 的故障进行排错就必须熟练另一个更强大的工具 Nslookup。

Nslookup 命令格式如下：

C:\>nslookup host

其中 host 表示要查找的主机域名。

例如，查找 www.lncc.edu.cn 的 IP 地址信息，则执行如下命令：

C:\>nslookup www.lncc.edu.cn

```
Server:  ns.lncc.edu.cn
Address: 202.199.184.1

Name:    www.lncc.edu.cn
Address: 202.199.184.12
```

该命令可以指定查询的类型，可以查到 DNS 记录的生存时间，还可以指定使用哪个 DNS 服务器进行解释，具体命令格式读者可查阅相关资料。

11.4　应用实践

11.4.1　背景描述

为了便于网络管理，提升网络水平，星空科技公司对公司内部实现了域名分配，并设立了域名服务器，如图 11.12 所示。

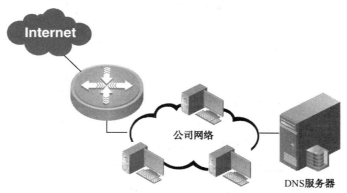

图 11.12　在公司网络中设立 DNS 服务器

11.4.2 设置 DNS 服务器

1. 安装 DNS 服务器

由于 Windows 2008 系统默认情况下，没有安装 DNS 服务，所以需单独安装 DNS 服务。作为 DNS 服务器的主机必须事先配置静态 IP 地址，本实例中为 DNS 服务器配置的静态 IP 地址为 192.168.11.230，子网掩码为 255.255.255.0。

安装 DNS 服务的步骤如下。

（1）单击"开始"按钮，选择"管理工具"→"服务器管理器"选项，进入"服务器管理器"窗口。在"服务器管理器"窗口中，单击"角色"选项，在右侧的"角色摘要"处单击"添加角色"选项，打开"添加角色向导"窗口，如图 11.13 所示。

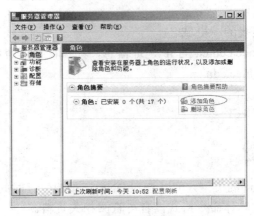

图 11.13 "服务器管理器"窗口

（2）在"添加角色向导"窗口中，单击左侧的"服务器角色"选项，在中间的"角色"选择列表中选择"DNS 服务器"选项，然后单击"下一步"按钮，如图 11.14 所示。

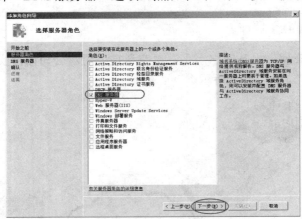

图 11.14 选择 DNS 服务器角色

（3）在弹出的"DNS 服务器简介"窗口中，单击"下一步"按钮。在"确认安装选择"窗口中，单击"安装"按钮。接下来进入到添加角色向导的"进度"步骤，等待 DNS 角色安装完成。在添加角色向导的"结果"窗口中，单击"关闭"按钮。

●2. 设置 DNS 服务器

成功安装 DNS 服务后，首先要创建 DNS 区域。

（1）在"服务器管理器"控制台中，选择"角色"中的"DNS 服务器"，打开"DNS"。右击"正向查找区域"选项，从弹出菜单中选择"新建区域"，单击"下一步"按钮，打开如图 11.15 所示窗口，选择"主要区域"选项，然后单击"下一步"按钮。

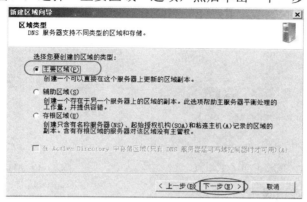

图 11.15　建立主要区域

（2）在"区域名称"文本框中输入公司的域名 lncc.edu.cn，然后单击"下一步"按钮，如图 11.16 所示。

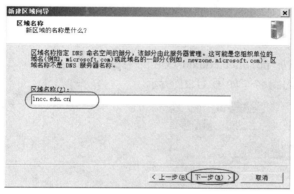

图 11.16　设置区域名称

（3）在区域文件设置中采用默认设置即可，单击"下一步"按钮，如图 11.17 所示。

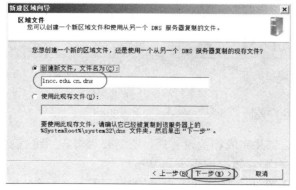

图 11.17　设置区域文件

（4）在动态更新设置中，选择"不允许动态更新"选项，然后单击"下一步"按钮。在核实所有设置信息后，单击"完成"按钮，结束主要区域的创建，如图 11.18 所示。

（5）在"服务器管理器"窗口中，查看正向查找区域中是否已经生成了我们建立的主要区域 lncc.edu.cn，如图 11.19 所示。

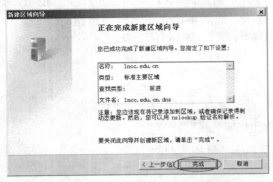

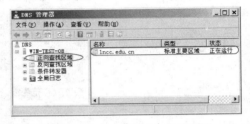

图 11.18　完成正向区域设置　　　　　图 11.19　查看正向查找区域

3. 创建资源记录

打开"服务器管理器"控制台，选择"DNS 服务器角色"选项，右击区域"lncc.edu.cn"。在弹出的菜单中选择"新建主机"选项。在"新建主机"窗口中的"名称"文本框内，输入 www。在"完全限定的域名"文本框中自动把主机名称添加到域名的最左边，形成 FQDN 的形式；在"IP 地址"文本框中输入 192.168.11.230，单击"添加主机"按钮，如图 11.20 所示。

同样，也可以添加 pc1.lncc.edu.cn 域名的主机地址为 192.168.11.100。ftp.lncc.edu.cn 为 www.lncc.edu.cn 的别名，如图 11.21 所示。

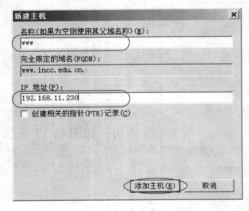

图 11.20　新建主机　　　　　　　图 11.21　查看主机域名

11.4.3　设置客户端

在 DNS 服务器安装并完成相关设置后，还需要对客户端进行必要设置，否则不能进行名字解析服务。客户端安装操作系统为 Win7。

（1）单击"开始"菜单，选择并单击"控制面板"→"网络和 Internet"→"网络和共享中心"→"更改适配器设置"选项，然后选择并右击"本地连接"选项，选择并单击"属性"→"Internet 协议版本 4（TCP/IPv4）"→"属性"选项，进入"Internet 协议版本 4（TCP/IPv4）属性"窗口，如图 11.22 所示。

（2）在"Internet 协议版本 4（TCP/IPv4）属性"窗口中，选择"使用下面的 DNS 服务器地址"选项，并在"首选 DNS 服务器文本框"中输入 192.168.11.230，然后单击"确定"按钮。

（3）在客户端主机的命令提示符下输入 ping www.lncc.edu.cn 命令，来查看客户机到主机 www.lncc.edu.cn 的连通性，如图 11.23 所示。

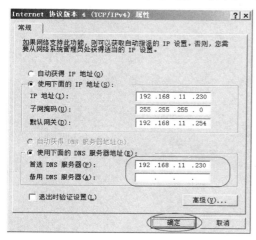

图 11.22　设置 DNS 服务器地址

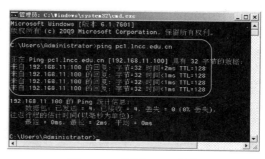

图 11.23　测试 DNS 服务

练习题

1. 选择题

（1）DNS 规定，由多个标识符组成的完整域名总共不能超过（　　）个字符。

    A．32　　　　　　B．64　　　　　　C．128　　　　　　D．255

（2）DNS 协议主要用于实现（　　）网络服务功能。

    A．域名到 IP 地址的映射　　　　　　B．MAC 地址到 IP 地址的映射

    C．端口号到 IP 地址的映射　　　　　　D．IP 地址到 MAC 地址的映射

（3）DNS 协议使用（　　）端口号。

    A．TCP　80　　　　B．TCP　21　　　　C．UDP　53　　　　D．TCP　53

（4）在因特网域名中，标识符 edu 通常表示（　　）。

    A．商业组织　　　　B．教育机构　　　　C．政府部门　　　　D．军事部门

（5）关于主机名的书写方法叙述中，错误的是（　　）。

    A．由它所属的各级域的域名与分配给该主机的名字共同构成

    B．顶级域名放在最右边

    C．分配给主机的名字放在最左边

    D．各级名字之间用"，"隔开

（6）一台主机要解析 www.abc.edu.cn 的 IP 地址，如果这台主机配置的本地域名服务器为 202.120.66.68，顶级域名服务器为 11.2.8.6，而存储 www.abc.edu.cn 与其 IP 地址对应关系的权限域名服务器为 202.113.16.10，那么这台主机解析该域名通常首先查询（   ）。

      A．202.120.66.68 域名服务器　　　　　B．11.2.8.6 域名服务器

      C．202.113.16.10 域名服务器　　　　　D．从这 3 个域名服务器中任选一个

2. 简答题

（1）域名系统 DNS 的主要功能是什么？DNS 中的域名服务器分为哪几个等级？

（2）描述 DNS 系统优化的主要措施。

第12章
Web 应用——应用层

本章导入

在信息技术高度发展的今天，人们几乎每天都离不开网络，特别是 Internet 网络。每天都要上网浏览网页，以便了解新闻、查询资料、发布信息等。Web 应用改变了人们的生活方式，使人们的生活、工作变得更加方便、丰富多彩。那么，Web 应用是如何实现帮助人们了解新闻、查询资料、发布信息等服务的呢？本章从 Web 的基本概念开始介绍 Web 应用的相关知识和应用。

12.1　提出问题

浏览器软件作为客户端软件将浏览网页的请求信息发送至存储有网页的网站服务器，网站服务器将客户端请求的网页文档发送给客户端，客户端浏览器将网页文档展现出来。Web 网络采用客户服务器方式工作，为了实现浏览网页服务，我们需要解决如下问题：

（1）定位网页存储位置问题；

（2）解决 Web 网络网页文档传输问题；

（3）解决网页信息描述方法问题，使得在各种浏览器上都能够识别网页信息；

（4）如何能够迅速查询需要的网页信息。

我们将在下面的内容中逐一解释上述问题是如何解决的。

12.2　工作任务

本章节中，通过学习将完成如下工作任务：

（1）描述超文本、超媒体、链接、HTML 等基本知识；

（2）描述统一资源定位符 URL 相关知识；

（3）描述超文本传输协议 HTTP 工作过程；

（4）构建基本 Web 网站。

12.3 预备知识

12.3.1 Web 概述

万维网 WWW 是 World Wide Web 的缩写，中文称为"万维网"，"环球网"等，常简称为 Web，分为 Web 客户端和 Web 服务器程序。万维网可以让 Web 客户端（常用浏览器）访问浏览 Web 服务器上的页面。万维网提供丰富的文本和图形、音频、视频等多媒体信息，并将这些内容集合在一起，提供导航功能，使得用户可以方便地在各个页面之间进行浏览。由于万维网内容丰富，浏览方便，目前已经成为互联网最重要的服务。

例如在图 12.1 中，通过网络网易首页上的"中国海警舰船编队继续巡航中国钓鱼岛领海"链接到下一个网页，并在其"网易首页"链接到网易首页上。

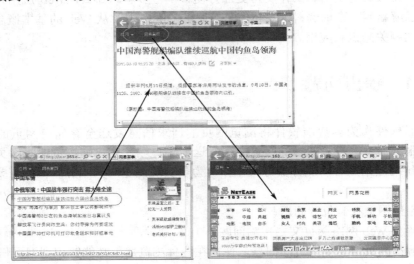

图 12.1　Web 网络链接服务

有时用户容易将万维网（WWW）与因特网（Internet）当作同义词，但万维网与因特网有着本质的差别。因特网指的是起源于美国国防部的分组交换网 ARPANET 的、分布全球的、开放的、并且采用 TCP/IP 协议的最大互联网。而万维网（WWW）是指建立在因特网的基础上，采用浏览网页方式的网络信息平台系统。万维网的内核部分是由三个标准构成的：URL/HTTP/HTML。

万维网是无数个网络站点和网页的集合，它们在一起构成了因特网最主要的部分（因特网也包括电子邮件、Usenet 以及新闻组）。万维网实际上是多媒体的集合，是由超级链接连接而成的。我们通常使用浏览器观看网页内容。

12.3.2 几个基本术语

▶ 1. 超文本

在 Web 上，各种信息都是发布在网页上的，每个网页都由文本、图片、动画等组成。

对于其中的一些文本，当鼠标移到其上面时鼠标的标识符会从箭头变为小手，表示当用鼠标点击该文本可以通过该文本链接到另一个网页。我们将具有链接功能的文本称为超文本。如图 12.1 中的"中国海警舰船编队继续巡航中国钓鱼岛领海"、"网易首页"等文本即为超文本。

2．超媒体

在网页中除超文本具有链接功能外，也可以将链接功能设置在图形、图像、动画、声音等媒体上。我们将具有链接功能的媒体称为超媒体，如图 12.2 所示。

图 12.2　超媒体链接

3．超链接

由于万维网的信息源都是存储在独立的网站上，各个网站可能分布在世界各地，通过 Internet 网络将各个网站连接在一起。为了查询信息的需要，必须从一个网站转移到另一个网站，再从另一个网站转移到其他网站，最终查询到需要的信息。

在上文描述的从一个网站转移到另一个网站过程中，利用超媒体或超文本的链接功能，定位下一个网页的位置。超媒体或超文本链接的起点为标识链接功能的文本或媒体（图形、图像、动画、声音等）。链接的终点是要链接的下一个网页地址。

12.3.3　统一资源定位符 URL

统一资源定位符 URL（Uniform Resource Locator）是对可以从 Internet 上得到资源的位置和访问方法的一种简洁表示。URL 给网络资源的位置提供了一种抽象的标识方法，并用这种方法给资源定位。只要能够对资源定位，系统就可以对资源进行各种操作，包括存取、更新、替换和查找其属性。

URL 的一般格式如下：

协议>://<主机地址>: <端口号>/<路径>

其中：

协议——客户端与服务器端之间传输报文使用的协议，如：HTTP、FTP 等。

://——分隔符，分隔传输协议与主机地址。

主机地址——表示存储访问文档服务器的主机域名。

端口号——表示服务器中调用的进程号，如：默认 HTTP 协议调用端口号为 80 的进程。

路径——访问文档存储在服务器上的路径信息。

例如，访问辽宁省交通高等专科学校网站的 URL 如下：

http://www.lncc.edu.cn

在上述 URL 中，访问协议为 http；主机地址为 www.lncc.edu.cn；端口号采用默认值 80；端口号省略，则采用网站的默认主页，通常为网站主目录内的 index.htm 或 default.htm 等。

在 URL 中不区分大小写，但是有的网页为了读者看起来方便，故意用了一下大写字母。URL 除了可以访问网页外，还可以其他网络服务（如 FTP），读者可以自行练习一下。

12.3.4　超文本传输协议 HTTP

超文本传输协议 HTTP（Hyper Text Transfer Protocol）是互联网上应用最为广泛的一种应用层网络协议。设计 HTTP 最初的目的是为了提供一种发布和接收 HTML 页面的方法。通过 HTTP 或者 HTTPS 协议请求的资源由统一资源标识符（Uniform Resource Identifiers，URI）来标识。

HTTP 是建立在 TCP 协议基础上的一个客户端（用户）和服务器端（网站）请求和应答的网络协议。通过使用客户端 Web 浏览器向服务器上指定端口（默认端口为 80）发起一个 HTTP 请求，服务器端应用进程返回 HTML 页面作为响应，如图 12.3 所示。

图 12.3　HTTP 工作过程

HTTP 具体工作描述如下。

当网站构建后，启动网站应用程序。网站服务器进程不断地监听 TCP 端口 80，以便发现是否有浏览器向它发出请求建立连接报文。一旦发现有请求建立连接报文，就建立 TCP 连接。然后浏览器向 WWW 服务器发出浏览某网页的请求报文，服务器查找到该网页文档后返回该网页文档作为对请求报文的响应。最后释放该 TCP 连接。浏览器与服务器进程之间交互过程中，按照 HTTP 协议规则进行相应的传输。

客户使用浏览器向服务器发起网页报文请求的方式有两种：

（1）在浏览器的地址窗口中键入网页的 URL；

（2）在网页中点击具有链接功能的多媒体（超文本、超媒体等）。

无论采用哪种方式发送浏览网页报文请求，都要经历如下过程（以 http://www.lncc.edu.cn 为例）：

（1）浏览器分析链接指向的 URL，取出各种信息参数；

（2）浏览器向 DNS 请求解析 http://www.lncc.edu.cn 的域名地址；

（3）域名系统 DNS 解析出 http://www.lncc.edu.cn 的 IP 地址为 59.46.55.42；

（4）浏览器与服务器建立 TCP 连接；

（5）浏览器向服务器发送读取文档命令（Get/lncc/web/index.htm）；

（6）服务器 http://www.lncc.edu.cn 返回 index.htm 文档；

（7）释放 TCP 连接；

（8）浏览器显示 index.htm 内容。

12.3.5 网页

▶ 1. HTML 与静态网页

超文本标记语言 HTML（Hyper Text Markup Language）是一种制作万维网网页的标准语言。用它可以定义网页中的文本、图形、图像的位置、格式、链接等属性。可以用任何一种文本编译程序编辑 HTML 文件，因为它就是一个总纯文本文件。用 HTML 编写的文档一般具有.htm 或.html 后缀。使用各种浏览器可以解释 HTML 语法并将其内容在屏幕上显示出来。

下面我们通过一小段 HTML 语言的代码，来了解 HTML 语言的基本结构。

```
<html>
    <head>
        <title>计算机网络原理及其应用教材</title>
    </head>
    <body>
        <h1>第 12 章  Web 应用内容</h1>
        <p>超文本标记语言 HTML 段落</P>
        <p>还有其他段落…</P>
    </body>
</html>
```

在上述一小段代码中，"<html>…… ……</html>"声明 HTML 文件的语法格式。每一个 HTML 文件，都必须以<html>开头，以</html>结束。

"<head>…… ……</head>"声明的语法格式。在这之内的所有文字都属于文件的文件头，并不属于文件本体。

"<title>…… ……</title>"声明文件标题的语法格式。在这之中写下的所有内容，都将写在网页最上面的标题栏中。

"<body>…… ……</body>"这是声明文件主体的语法格式。在两者之间写下的内容都是文件的主体，也就是说将会被显示在客户区之中。

！注 意

几乎每一种 HTML 语言的语法都是以<>开头，以</>结束。在编辑 HTML 语言过程中，也可以使用注释。语法格式为：<!-文件注释->。就好像 C 语言中的/* …… …… */ 一样，中间的内容只是解释说明，并不被编译器所编译。

上述一小段代码通过浏览器显示的内容如图 12.4 所示。

图 12.4　静态网页

有关 HTML 语言的具体相关语法及规定，请读者查阅相关专业资料。

上述用 HTML 语言描写的网页，每次通过浏览器阅读的时候，其内容都是不变的，除非管理员使用 HTML 语言修改，通常我们将这种网页称为静态网页。

静态网页最大的优点就是编写比较简单，不需要更多的专业编程知识，只要掌握 HTML 相关知识即可完成制作任务。但是静态网页的缺点是不够灵活，不能及时显示动态信息。

2. 动态网页

动态网页是指文档的内容是在浏览器访问 Web 服务器时由服务器应用程序动态创建的。当浏览器向服务器请求网页文档时，服务器要运行一个应用程序，并将浏览器的请求条件参数交给该应用程序。接下来应用程序依据该请求参数进行查询处理，并根据查询结果产生 HTTP 响应文档。最后服务器将应用程序的 HTTP 文档返回给浏览器。对于浏览器来讲，完全不能区分是动态网页还是静态网页，因为都是 HTML 文档，如图 12.5 所示。

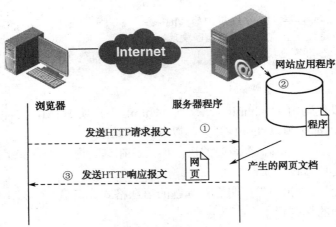

图 12.5　动态网页查询过程

动态网页具有能够报告实时变化数据的能力，因此广泛应用，如：股市行情、天气报告、列出时刻表、民航班次表等，如图 12.6 所示。但是制作动态网页对开发人员技术要求较高，需要掌握编程技能。编写动态网页的服务器端程序语言有很多，如 C、C++、JavaScript 等。由于这些程序是被另一个程序执行或解释，而不是由计算机来直接执行，通常也将这类程序称为脚本。有关动态网页的编程相关知识请读者查询相关专业资料。

图 12.6 动态网页

▶3. 活动网页

静态网页具有制作简单的特点，但是不能反映实时变化的数据；对于动态网页，用户每访问一次网页时服务器端程序就执行一次，以查询相关数据并产生新的动态网页。如果要求用户端浏览器能够反映实时变化的数据，那么服务器端程序就必须连续地执行，并且不断地将新的网页发送至浏览器，如图 12.7 所示。

185

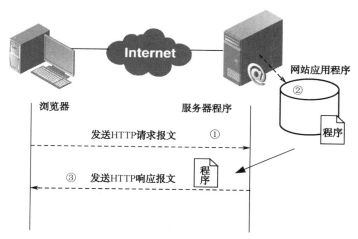

图 12.7 活动网页工作过程

这样，一方面会增加网站服务器的负担，性能下降，甚至无法提供正常的客户访问请求响应；另一方面也是增加网络的传输负担，造成网络资源浪费，网络性能下降等。

为了解决此问题，可以采用活动网页技术。活动网页技术是将所有的工作都转移给浏览器端。每当浏览器请求一个活动网页时，服务器就返回一段活动网页文档程序，使得该程序可以在浏览器端执行。这时，活动网页文档程序就可以与客户直接交互，并可连续地改变屏幕的显示内容。只要用户运行活动网页文档程序，活动网页文档的内容就可以连续地改变。由于活动网页技术不需要服务器的连接更新传输，对网络的要求不会很高，如图 12.8 所示的网络在线计算器，将计算器程序嵌入到网页文档中，使得在浏览器端可以按照用户要求进行相应计算，并将计算结果显示在浏览器的网页屏幕上。

图 12.8　活动网页技术——网络在线计算器

　　制作活动网页对开发人员要求也很高，需要掌握较高的编程技能。编写活动网页的程序语言很多，如 C、C++、Java 等。有关活动网页的编程知识请读者查询相关专业资料。

12.3.6　信息检索系统

　　通过前面的学习，我们已经了解到只要知道要访问网站的域名，就可以通过浏览器输入 URL，访问相应的网页。那么，如何获得我们需要准备访问网站的网址就很重要。

　　我们可以通过各种各样的搜索引擎，查询我们需要访问网站的域名。搜索引擎种类很多，但大体上可以分为全文检索搜索引擎和分类目录搜索引擎。

▶1．全文检索搜索引擎

　　全文检索搜索引擎是通过搜索软件到 Internet 上各网站查询网站内容，然后按照分类设置关键字将内容存入查询数据库，供用户查询。如：谷歌 Google（www.google.com）、百度（www.baidu.com）等。这类搜索引擎需要网站不断更新搜索内容，否则可能出现过时的内容，不能保证查询的准确性，如图 12.9 所示。

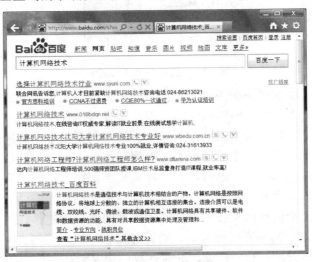

图 12.9　全文检索搜索引擎

◢2．分类目录搜索引擎

分类目录搜索引擎并不是自己到各网站采集信息，而是由各网站向搜索引擎提交的网站信息描述文档提取关键字并存入查询数据库，供用户查询。如：搜狐（www.sohu.com）、网易（www.163.com）、雅虎中国（cn.yahoo.com）、新浪（www.sina.com）等。这类搜索引擎可以事先制定需要查询的目录，各网站按照目录要求填写本网站的相应信息，因此查询准确性更好一些，如图12.10所示。

使用上述两种搜索引擎都能查询到需要的网站，但是用户得到的信息形式不同。全文搜索引擎往往可以直接检索到相关内容的网页，但是分类目录搜索引擎一般只能检索到相关信息的网址。

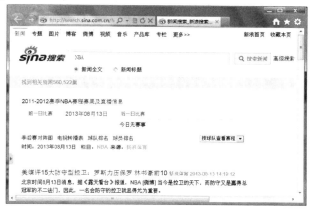

图 12.10　分类目录搜索引擎

12.4　应用实践

12.4.1　背景描述

星空科技公司内部网络已经正常使用一段时间了。为了扩大公司对外宣传力度，提升公司的知名度和影响力，同时在公司内部发布一些消息，以便公司员工及时了解公司动态消息，需要在公司网络中架设 Web 服务器，用于对外宣传和发布内部消息，如图 12.11 所示。

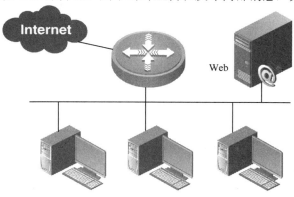

图 12.11　公司网络中架设 Web 服务器

12.4.2 设置 Web 服务器

▶1. 安装 Web 服务器角色

由于 Windows 2008 默认情况没有安装 Web 服务，需要管理员单独安装。安装 Web 服务的主机需要事先配置静态 IP 地址，本实例中假设 Web 服务器的 IP 地址为 192.168.11.230。

（1）单击"开始"→"管理工具"→"服务器管理器"选项，打开"服务器管理器"窗口，单击"角色"选项，如图 12.12 所示。

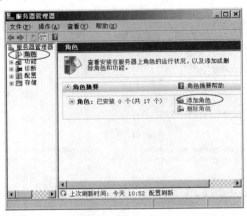

图 12.12　添加角色

（2）在"选择服务器角色"窗口中，单击"服务器角色"选项，选择"Web 服务器（IIS）"选项，单击"下一步"按钮，如图 12.13 所示。

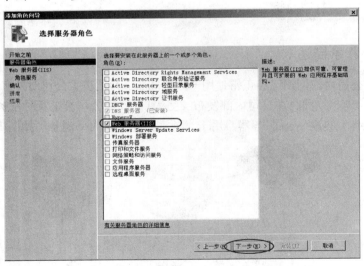

图 12.13　选择 Web 服务器角色

（3）在"Web 服务器（IIS）简介"窗口中，单击"下一步"按钮。在"选择角色服务"项中采用默认设置，直接单击"下一步"按钮，如图 12.14 所示。

（4）在"确认安装选择"窗口中，单击"安装"按钮，如图 12.15 所示。

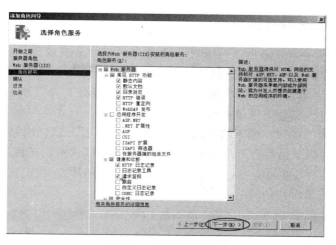

图 12.14　选择角色服务

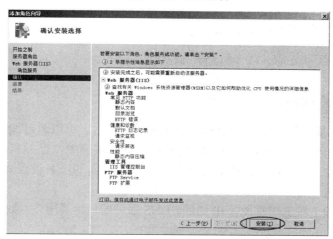

图 12.15　确认安装选择

（5）当系统弹出"安装结果"窗口时，单击"关闭"按钮，即完成安装 Web 服务器任务，如图 12.16 所示。

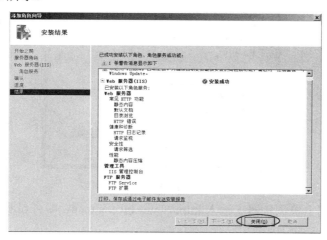

图 12.16　安装结果

▶2. 设置 Web 服务器

在完成 Web 服务器安装后，可以对 Web 服务器进行必要设置。

（1）单击"开始"→"管理工具"→"Internet 信息服务（IIS）管理器"选项，打开"Internet 信息服务（IIS）管理器"窗口。单击"网站"前的"+"号，出现"Default Web Site"，单击该项目，将会出现该站点的"功能视图"。

（2）单击右侧"操作"框下的"浏览"按钮，即可打开默认网站所对应的文件夹，位置是"C:\inetpub\wwwroot"。在这个文件夹内存放着默认网站文件，如图 12.17 所示。（其中 iisstart.html 和 welcome.png 是默认的测试页面和图片），我们也可以将网站其他内容放到该目录下，供客户访问。

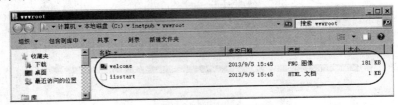

图 12.17　网站默认文件内容

12.4.3　客户端测试

完成 Web 网站安装和设置（我们采用默认设置）后，可以通过浏览器访问网站。由于网站采用默认设置，所以只能访问默认网页。在本实例中，已经启动了 DNS 服务器（DNS 服务器的 IP 地址为 192.168.11.230），将 Web 服务器的域名设置为 www.lncc.edu.cn，IP 地址为 192.168.11.230。

（1）在客户端主机上需要设置 IP 地址、DNS 服务器地址等网络参数，如图 12.18 所示。

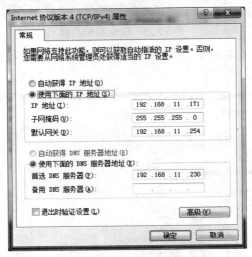

图 12.18　客户端主机网络参数

（2）在客户端主机浏览器上输入 http://www.lncc.edu.cn，即可显示网站主页内容，如图 12.19 所示。

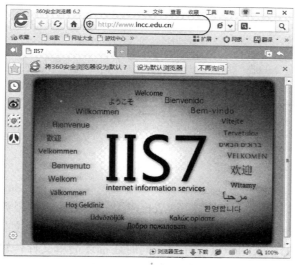

图 12.19 访问网站默认网页

练习题

1. 选择题

（1）TCP 和 UDP 的一些端口保留给一些特定的应用使用。为 HTTP 协议保留的端口号为（　　）。

  A．TCP 的 80 端口   B．UDP 的 80 端口

  C．TCP 的 25 端口   D．UDP 的 25 端口

（2）下列协议中，不属于应用层协议的是（　　）。

  A．FTP 协议   B．UDP 协议   C．HTTP 协议   D．SMTP 协议

（3）HTML 编写的文档叫超文本文件，该文件的后缀名为（　　）。

  A．txt   B．html 或 htm   C．doc   D．xls

（4）www 客户与 www 服务器之间的信息传输使用的协议为（　　）。

  A．HTML   B．HTTP   C．SMTP   D．IMAP

（5）关于因特网中的 www 服务，以下说法错误的是（　　）。

  A．www 服务器中存储的通常是符合 HTML 规范的结构化文档

  B．www 服务器必须具有创建和编辑 Web 页面的功能

  C．www 客户端程序也被称为 www 浏览器

  D．www 服务器也被称为 Web 站点

2. 简答题

（1）简单地描述 WWW、URL、HTTP、HTML、超文本、超媒体等术语。

（2）描述 URL 的一般格式。

第 /3 章
FTP 应用——应用层

➡ 本章导入

在 Internet 迅速发展的今天，除了 Web 应用外，文件传输服务也是比较普遍的应用服务。人们经常需要在不同的地理位置跨越 Internet 下载或上传文件。本章就普遍使用的文件传输协议 FTP 的相关知识进行介绍，同时还描述简单文件传输协议 TFTP 的相关知识。最后通过实例介绍 FTP 和 TFTP 的具体应用情况。

13.1 提出问题

在 Internet 网络上实现文件传输是一件比较复杂的问题。因为各计算机厂商研制出的文件系统数量多，且差别很大。不同厂商的设备会出现存储数据的格式不同、文件的目录结构和文件命名规则不同、操作命令不同等。FTP 面对这些问题，在不同操作系统下实现了文件传输服务，为人们访问共享资源提供了比较好的解决方案。

13.2 工作任务

本章节中，通过学习将完成如下工作任务：
（1）描述 FTP 的工作过程；
（2）描述 TFTP 的特性及应用；
（3）架设简单的 FTP 服务器并实现基本的文件传输功能；
（4）利用 TFTP 实现交换机或路由器的配置文件备份。

13.3 预备知识

13.3.1 文件传输协议 FTP

➤ 1. FTP 概述

文件传输协议 FTP（File Transfer Protocol）是 Internet 上使用最广泛的文件传输协议。FTP 提供交互式的访问，允许客户指明文件的类型与格式，并允许文件具有存取权限。FTP 屏蔽了各计算机系统的差异性，实现了在异构网络环境下任意计算机之间传输文件。

FTP 采用客户机/服务器模式。在客户机与服务器之间使用 TCP 协议建立面向连接的可靠传输服务。FTP 协议要用到两个 TCP 连接，一个是控制连接，使用熟知端口 21，用来在 FTP 客户端与服务器之间传输命令；另一个是数据连接，使用熟知端口 20，用来从客户端向服务器上传文件或从服务器下载文件到客户计算机，如图 13.1 所示。

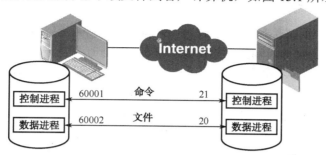

图 13.1　FTP 协议两个连接

FTP 使用 TCP 的可靠传输服务，无论两个计算机相距多远，只要两者都支持 FTP 协议，就能够进行文件传输。

在整个交互的 FTP 会话中，控制连接始终是处于连接状态，FTP 客户发送的传输请求，通过控制连接发送给服务器端的控制进程，但控制连接并不用来传输文件；服务器端的控制进程在接收到 FTP 客户发送来的文件传输请求后，创建数据传输进程和数据连接，实现文件传输。数据连接则在每一次文件传输时先打开后关闭。

使用两个独立连接的主要好处是使协议更加简单和容易实现，同时在传输文件时还可以利用控制连接对传输文件进行控制。

2．FTP 工作过程

FTP 协议采用客户/服务器模式，一个 FTP 服务器进程可同时为多个客户进程提供服务。具体工作过程如下：

（1）当 FTP 服务器启动时，服务器打开熟知端口 21，等待客户 FTP 请求；

（2）客户端使用短暂端口号（49152～65535），假设端口号为 60001，发送连接请求；

（3）客户端（端口 60001）与服务器（端口 21）建立 TCP 控制连接；

（4）客户端为建立数据连接分配一个短暂端口号，假设端口号为 60002；

（5）客户端通过控制连接向服务器端发送建立数据连接请求及端口号 60002；

（6）服务器端接收端口号 60002，并建立 TCP 数据连接；

（7）通过数据连接传输文件，结束后释放 TCP 连接。

3．FTP 客户类型

根据使用 FTP 客户类型的不同，FTP 服务分为普通 FTP 服务和匿名 FTP 服务。

（1）普通 FTP 服务

普通 FTP 服务需要根据客户名及密码进行身份确认，根据不同身份提供不同的访问权限。用户使用 FTP 前需要事先在 FTP 服务器上注册用户名和密码等信息。拒绝非法用户访问。

（2）匿名 FTP 服务

对于公共文件资源，FTP 提供了一种称为匿名 FTP 的访问方法。匿名 FTP 服务是 FTP 服务器为没有账号的用户建立一个公共账号，并赋予该账号访问公共文件资源的权限。

用户可使用"anonymous"作为用户名，以"guest"为密码或以用户的邮箱地址作为密码，就可以建立与 FTP 服务器的会话，下载 FTP 服务器提供的共享文件资源（为了安全起见，对于匿名用户只提供下载服务，不提供上传服务）。

▶ 4. FTP 客户端软件

早期的 FTP 应用都是基于字符模式，在 DOS 环境下应用。初学者使用起来不方便。现在，在 Internet 上提供传输文件的功能不只是 FTP，还有电子邮件、HTTP 等。利用电子邮件的附件可以传输各类文件。使用 HTTP 通过各类网站的图形界面网页也可以非常方便地上传或下载各类文件。

但是如果要传输大量的文件最好还是使用 FTP 服务。因为不仅操作方便、传输效率高、不受传输文件大小限制，而且有些 FTP 应用软件还有断电续传等功能。现在这些应用软件很多，如网络蚂蚁（Netants）、网际快车（FlashGet）、GetFTP 等，其中大多数软件都有中文图形化操作和显示界面，使用很方便。

13.3.2 简单文件传输协议 TFTP

▶ 1. TFTP 概述

简单文件传输协议 TFTP（Trivial File Transfer Protocol）是一个既简单又容易使用的文件传输协议，其程序很小，适合在非硬盘的设备（如交换机、路由器等）上使用，下载或上传系统文件、设备配置文件等，如图 13.2 所示。

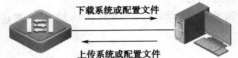

图 13.2　TFTP 工作原理

TFTP 使用 UDP 协议建立连接，默认端口为 69。由于 TFTP 是基于 UDP 建立连接的，不提供安全性，但是能够提供快捷的传输效率，非常适合于对网络设备进行系统升级、设备配置文档备份等场合。

▶ 2. TFTP 与 FTP 的异同点

（1）TFTP 使用 UDP 建立连接；FTP 使用 TCP 建立连接。

（2）TFTP 仅提供文件传输功能，没有命令集，不支持交互方式；FTP 拥有很多命令的命令集，且是一种交互方式的文件传输协议。

（3）TFTP 不提供用户身份验证功能；FTP 支持身份验证功能。

（4）TFTP 程序小，适合在内存比较小的网络设备（如交换机、路由器等）中使用，用于网络设备系统软件升级、配置文件备份等场合；而 FTP 程序相对比较大，功能齐全，适合在 Internet 上提供文件传输服务。

13.4　应用实践

13.4.1　背景描述

星空科技公司为了实现资源共享，在公司网络中架设了一台 FTP 服务器，如图 13.3

所示。在 FTP 服务器上存放大量的公司内部资料，供公司员工访问。

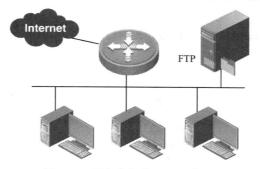

图 13.3　网络中架设 FTP 服务器

13.4.2　设置 FTP 服务器

1. 安装 FTP 服务

（1）单击"开始"→"管理工具"→"服务器管理器"选项，打开"服务器管理器"窗口，单击"角色"选项，如图 13.4 所示。

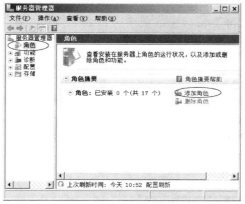

图 13.4　添加角色

（2）在"选择服务器角色"窗口中，单击"服务器角色"选项，选择"Web 服务器（IIS）"选项，单击"下一步"按钮，如图 13.5 所示。

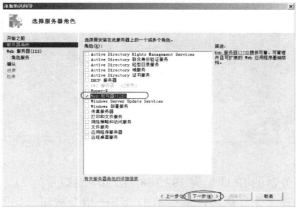

图 13.5　选择 Web 服务器角色

（3）在"Web 服务器（IIS）简介"窗口中，单击"下一步"按钮。在"选择角色服务"列表中选择"FTP 服务器"选项，直接单击"下一步"按钮，如图 13.6 所示。

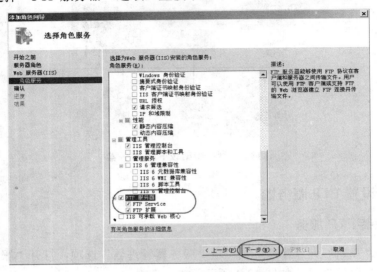

图 13.6　选择"FTP 服务器"选项

（4）在"确认安装选择"窗口中，单击"安装"按钮。在"安装结果"窗口中，单击"关闭"按钮。

2. 设置 FTP 服务器

（1）在完成安装后，在"管理工具"下会出现"Internet 信息服务（IIS）6.0 管理器"项，单击网站右边的"添加 FTP 站点"选项。进入"添加 FTP 站点"窗口。

（2）在"添加 FTP 站点"窗口中，在"FTP 站点名称"文本框中输入 FTP 名称。在"物理路径"文本框中输入 FTP 服务器主目录（C:\inetput\ftproot），然后单击"下一步"按钮，如图 13.7 所示。

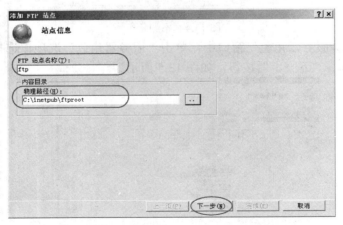

图 13.7　添加 FTP 服务器

（3）设置 FTP 服务器的 IP 地址为 192.168.11.230，端口号为 21。选择"自动启动 FTP 站点"选项，SSL 选择"无"选项，然后单击"下一步"按钮，如图 13.8 所示。

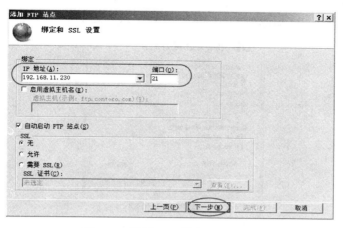

图 13.8　设置 FTP 服务器 IP 地址

（4）在"身份验证和授权信息"窗口中，身份验证选择"匿名"和"基本"选项。授权部分中，在允许访问中拉菜单里选项"所有用户"选项，权限部分选择"读取"和"写入"选项，然后单击"完成"按钮，如图 13.9 所示。

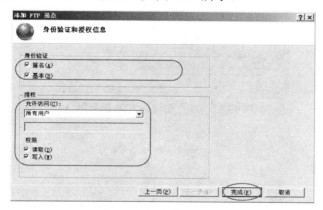

图 13.9　身份验证和授权

（5）为了演示资源共享功能，在 FTP 主目录（C:\inetput\ftproot）存放一个文件 abc.docx 文件，供用户访问，如图 13.10 所示。

图 13.10　共享文件

13.4.3　设置客户端

在本实例中，已经启动了 DNS 服务器（DNS 服务器的 IP 地址为 192.168.11.230），将 FTP 服务器的域名设置为 ftp.lncc.edu.cn，IP 地址为 192.168.11.230。

（1）在客户端主机上需要设置 IP 地址、DNS 服务器地址等网络参数，如图 13.11 所示。

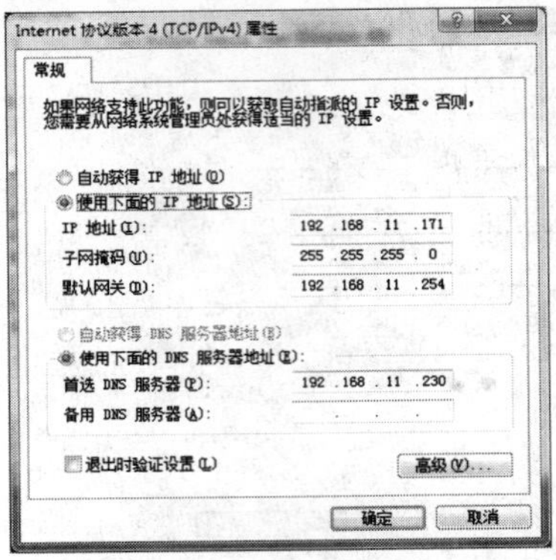

图 13.11　客户端主机网络参数

（2）在客户端浏览器上输入 ftp://ftp.lncc.edu.cn，即可访问 FTP 服务器，如图 13.12 所示。然后就可以对 FTP 服务器文件资源进行处理（下载、修改、上传等）。

图 13.12　客户端访问 FTP 服务器

练习题

1．选择题

（1）FTP 协议主要用于实现（　　）网络服务功能。

　　A．互联网中远程登录　　　　　　　　B．互联网中交互式文件传输

　　C．网络设备之间交换路由信息　　　　D．网络中不同主机间的文件共享

（2）计算机网络中两用户使用 FTP 传输文件，FTP 协议应属于 OSI 的（　　）处理。

　　A．表示层　　　　　　B．会话层　　　　　C．传输层　　　　　　D．应用层

（3）FTP 协议使用的端口号为（　　）。

　　A．TCP 20、21　　B．UDP 20、21　　C．TCP 78、79　　D．UDP 78、79

（4）TFTP 使用的默认端口为（　　）。

　　A．TCP 80　　　　B．UDP 53　　　　C．TCP 69　　　　D．UDP 69

2．简答题

（1）描述 FTP 的工作过程。

（2）FTP 与 TFTP 的主要区别是什么？

第 14 章

E-mail 应用——应用层

在日常通信中，我们经常使用实时通信服务，如：语言电话、QQ 等。实时通信具有传递速度快捷，真实感强等特点。但是，实时通信双方必须同时在线，而且只能传递语音信息，另外费用也比较高。此外，有些不太紧迫的电话也会偶尔打扰人们的工作或休息。然而，电子邮件可以很好地解决这些问题，它不但可以传送各种文字的文本信息，而且还可以传送图像、声音、视频等多媒体信息。电子邮件具有应用范围广、可靠性高的特点，并且可以实现一对多的邮件传送。

14.1 提出问题

电子邮件系统帮助人们在 Internet 上快速、廉价地实现电子邮件的传递。电子邮件系统是如何构成的？电子邮件是如何从用户主机发送到本地邮件服务器的？如何从本地邮件服务器发送到远程邮件服务器的？如何从远程服务器下载到目的用户主机的？在这个传递过程，需要使用哪些协议呢？

14.2 工作任务

本章节中，通过学习将完成如下工作任务：
（1）描述电子邮件系统的构成及各组件实现的功能；
（2）描述 SMTP、POP3、IMAP 协议的功能；
（3）描述电子邮件系统的配置步骤及方法。

14.3 预备知识

14.3.1 电子邮件概述

电子邮件（E-mail）是 Internet 上使用最多的和最受用户欢迎的一种应用服务。电子邮件服务把邮件发送到收件人使用的邮件服务器，并放在其中的收件人邮箱中，收件人可随时上网到自己使用的邮件服务器中进行读取。电子邮件不仅使用方便，而且还具有传递速度快和费用低廉等优点。

❯❯ 1. 电子邮件系统

一个电子邮件系统采用用户-服务器工作模式。电子邮件系统应具有如图 14.1 所示的三个主要组成构件：客户端应用程序、邮件服务器及邮件发送协议和邮件读取协议。

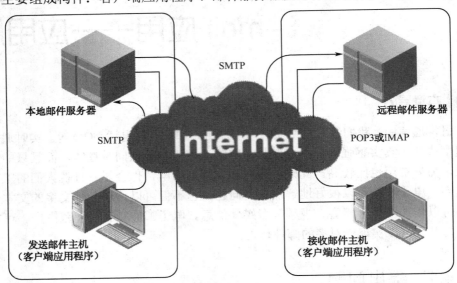

图 14.1　电子邮件系统

1）客户端应用程序

客户端应用程序是用户与电子邮件系统的接口。在大多数情况下，它就是运行在用户 PC 机中的一个程序。客户端口应用程序有很多，如：Outlook Express、Foxmail 等。

客户端应用程序的主要功能：

（1）撰写功能

为用户提供编辑信件的环境。用户可以在这种环境下编写或回复电子邮件。这种环境应该具有友好的窗口，方便填写一些邮件信息，如：邮箱地址、正文、附件等。

（2）显示功能

能方便地在计算机屏幕上显示出来信内容。用户在这种环境下可以阅读自己邮箱中的电子邮件。

（3）处理功能

处理包括发送邮件和接收邮件。收件人应能根据情况按照不同方式对来信进行处理。例如，阅读后删除、保存、打印、转发等。

（4）通信功能

发信人在撰写完邮件后，要利用邮件发送协议发送到用户所使用的邮件服务器。接收人在接收邮件时，要使用邮件读取协议从本地邮件服务器接收邮件。

2）邮件服务器

邮件服务器是电子邮件系统的核心，它的作用与人工邮递系统中的邮局的作用相似。邮件服务器一方面负责接收用户发送的电子邮件，并根据邮件所要发送的目的地址，将其传送至对方的邮件服务器中；另一方面则负责接收从其他邮件服务器发来的电子邮件，并根据不同的收件人将电子邮件分发到各自不同的电子信箱中。

3）传输邮件协议

邮件系统使用的传输邮件协议有发送邮件协议和接收邮件协议，其中常用的发送邮件协议有简单邮件传输协议 SMTP（Simple Mail Transfer Protocol）；接收邮件协议有邮局协议 POP3（Post Office Protocol 版本 3）。

2. 电子邮件传递过程

在 TCP/IP 网络中，客户端主机与本地邮件服务器、本地邮件服务器与远程邮件服务器之间使用简单邮件传输协议 SMTP 发送电子邮件。接收邮件主机与远程邮件服务器使用邮局协议 POP3 或网际报文存取协议 IMAP（Internet Message Access Protocol）从邮箱中读取邮件，如图 14.2 所示。

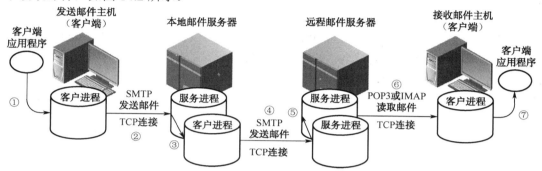

图 14.2　电子邮件传递过程

客户之间传递电子邮件的工作过程如下：

（1）撰写、编辑邮件

用户需要发送电子邮件时，调用客户端主机中的应用程序撰写、编辑一封电子邮件。

（2）发送邮件至本地邮件服务器

当要发送的邮件编写完毕后，由客户进程与本地邮件服务器建立 TCP 连接，并按照 SMTP 协议要求将邮件传递到本地邮件服务器。

（3）本地邮件服务器邮件处理

本地邮件服务器收到客户进程发送的邮件后，检查邮件中的收件人信箱是否处于本邮件服务器中。如果是，则将该邮件保存在收件人信箱中；否则，将邮件交由本地邮件服务器的 SMTP 客户进程处理。

（4）发送邮件至远程邮件服务器

本地邮件服务器的 STMP 客户进程与远程邮件服务器的服务进程建立 TCP 连接，并且将邮件依次发送到远程邮件服务器中。

（5）远程邮件服务器邮件处理

远程邮件服务器的服务进程收到邮件后，将邮件放入收件人信箱中，等待收件人进行读取。

（6）收件人读取邮件

当用户需要查看自己的邮件时，首先利用 POP 服务器进程向邮件服务器的 POP3 服务进程发出请求。POP3 服务进程检查用户电子邮箱，并按照 POP3 协议将信箱中的邮件传递给 POP3 客户进程。

（7）客户端对邮件处理

POP3 客户进程将收到的邮件提交给电子邮件应用程序，以便用户查看和处理。

从以上电子邮件传递过程来看，整个连接过程（用户端到本地邮件服务器、本地邮件服务器到远程邮件服务器、远程邮件服务器到远程用户端）使用了 TCP，能够保证邮件的可靠传输。另外，从用户端到本地邮件服务器、从本地邮件服务器到远程邮件服务器使用的 SMTP 协议，而从远程邮件服务器到远程用户端使用的 POP3 协议。

3．电子邮件地址

传统的邮政系统要求发信人必须在信封上清楚地写上收件人的姓名和地址，这样，邮递员才能将你的信件投递到收件人手中。同理，在 Internet 上的电子邮件也要求每一封电子邮件都要有一个电子邮件地址。电子邮件地址的格式为收件人信箱名@信箱所在的邮件服务器域名，如 Liming@163.com，其中 Liming 为收件人信箱名，163.com 为 liming 这个信箱所在邮件服务器的域名。@为信箱与信箱所在的邮件服务器域名之间分隔符。

从电子邮件地址来看，只要保证邮件服务器的域名在整个电子邮件系统中是唯一的，用户信箱名称在这台邮件服务器中是唯一的，就可以保证电子邮件地址在整个 Internet 上是唯一的。

电子邮件系统不仅支持两个用户之间的通信，而且还支持同时向多个用户发送同一个邮件的功能。通过将多个电子邮件地址放置在一个组中，发送时将这个组地址作为接收邮件地址，电子邮件系统会自动地将邮件发送到这个组中的每个邮件地址中。

14.3.2　简单邮件传输协议 SMTP

简单邮件传输协议 SMTP 是电子邮件系统中的一个重要协议，它规定了在两个相互通信的 SMTP 进程之间应如何交换信息。SMTP 采用客户服务器方式。负责发送邮件的 SMTP 进程是 SMTP 客户，负责接收邮件的 SMTP 进程是 SMTP 服务器，使用 TCP 的端口号 25。

SMTP 通信的三个阶段：

1．连接建立

发件人的邮件送到本地邮件服务器后，如果目的邮件服务器不是本邮件服务器，则本地邮件服务器将邮件交给本地邮件服务器的 SMTP 客户进程处理。SMTP 客户进程将与远程邮件服务器的 TCP 熟知端口号码（25）建立 TCP 连接。

2．邮件传送

当 SMTP 用户进程与 SMTP 服务进程（端口号为 25）建立 TCP 连接后，就可以进行邮件传输了。

（1）MAIL 命令

邮件传送首先从 MAIL 命令开始，表示确认接收邮件服务器是否准备好了。MAIL 命令后面有发件人的地址，如 MAIL FROM：zhangpeng@sina.com。若 SMTP 服务器已经准备好接收邮件，则回答"250，OK"。否则返回一个错误代码，指出发生了什么错误。如 451（处理时出错），452（存储空间不足），500（命令无法识别）等。

（2）RCPT 命令

接着发送 RCPT 命令，表示确认对方是否为接收该邮件的邮件服务器。其格式为 RCPT TO：<收件人地址>。如 RCPT TO：Liming@163.com。每发送一个 RCPT 命令，都应有相应的信息从 SMTP 服务器返回。

（3）DATA 命令

再接着就是 DATA 命令，表示要开始传送邮件的内容了。如果接收邮件服务器表示已经准备好，则开始发送邮件内容。发送完毕后，若接收邮件服务器收到，则返回"250，OK"。

3. 连接释放

邮件发送完毕后，SMTP 客户端发送 QUIT 命令。SMTP 服务器返回的信息是"221（服务关闭）"。表示 SMTP 同意释放 TCP 连接。邮件传送的全部过程结束。

在 SMTP 传送过程中使用的具体命令及格式可查阅相关资料，在此不做详细介绍。

14.3.3 邮件读取协议 POP3

POP 是一个非常简单但功能有限的邮件读取协议。POP3 是邮局协议 POP 的第三版本协议，它允许用户通过客户主机动态检索邮件服务器上的邮件。但是，除了下载和删除之外，POP3 没有对邮件服务器上的邮件提供更多的管理操作。

当邮件到达接收邮件服务器时，首先存储在邮件服务器的电子邮箱中。如果用户希望查看和管理这个邮件，可以通过 POP3 协议将邮件下载到用户所在主机中。

POP3 也使用客户服务器方式，在接收邮件的用户计算机中的应用程序为 POP3 客户程序，而在收件人所连接的邮件服务器中则运行 POP3 服务器程序。POP3 客户程序与 POP3 服务器程序之间也是采用 TCP 连接。POP3 服务器端使用的 TCP 端口号为 110。

POP 服务器只有在用户输入正确的用户名及密码后，才允许对邮箱进行读取。POP3 协议的一个特点是只要用户从 POP 服务器读取了邮件，POP 服务器就把该邮件删除。

14.3.4 网际报文存取协议 IMAP

IMAP 也是邮件读取协议之一，但是它比 POP3 复杂得多。IMAP 也采用客户服务器工作方式。目前，常用的 IMAP 版本为 IMAP3。IMAP 使用 UDP 的端口 143。

在使用 IMAP 时，在用户的主机上运行 IMAP 客户程序，然后与接收方的邮件服务器上的 IMAP 服务器程序建立 TCP 连接。用户在自己的主机上的 IMAP 客户程序打开 IMAP 服务器的邮箱时，用户就可看到邮件的首部。若用户需要打开某个邮件，则该邮件才会传到用户的计算机上。用户可以根据需要为自己的邮箱创建便于分类管理的层次式的邮箱文件夹，并且能够将存放的邮件从一个文件夹中移动到另一个文件夹中。用户也可按某种条件对邮件进行查询。在用户未发出删除命令之前，IMAP 服务器邮箱中的邮件会一直被保存。

IMAP 协议最大的好处是用户可以在不同地点使用不同的计算机读取和处理邮件。IMAP 的缺点是如果用户没有将邮件复制到自己的计算机上，则邮件一直存放在 IMAP 服务器上。因此，需要用户经常与 IMAP 服务器建立连接。

14.3.5　基于万维网的电子邮件

由于万维网的应用非常普及，并且各大搜索引擎网站（网易、新浪等）都提供电子邮件服务功能。用户只要能够上网，通过浏览器就可以发送和接收电子邮件。

假设用户李明向网易网站申请了一个电子邮件地址 Liming@163.com。当李明需要发送或接收电子邮件时，他首先登录网易的电子邮件服务器 mail.163.com，在输入自己的用户名和密码后，就可以根据屏幕上的提示，撰写、发送或读取自己的电子邮件了。如果李明给张鹏发送电子邮件，张鹏使用新浪网站的邮箱，其邮箱地址为 Zhangp@sina.com。

电子邮件从用户李明的浏览器发送到发送邮件服务器时，采用 HTTP 协议。发送方邮件服务器到接收方邮件服务器之间采用 SMTP 协议。接收方服务器到客户张鹏的浏览器之间采用 HTTP 协议，如图 14.3 所示。

图 14.3　基于 WWW 的电子邮件系统

14.4　应用实践

14.4.1　背景描述

小王是刚刚从学校毕业的大学生，经过岗前培训后马上就要开始新的工作了。为了工作需要，准备在网易上注册一个自己的工作邮箱。邮箱的名称暂定为 user2_lncc。

14.4.2　注册邮箱

1. 登录网易网站

为了登录网易网站，在浏览器的 URL 中输入 http://www.163.com，如图 14.4 所示。单击"免费邮箱"选项，进入邮箱登录窗口。

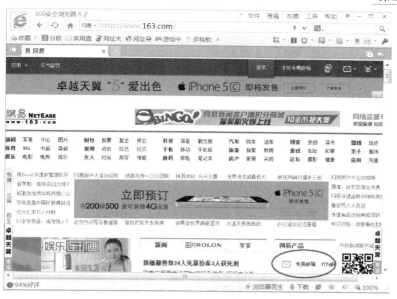

图 14.4　登录网易网站

2. 注册邮箱

进入"登录 163 免费邮箱"窗口后，单击"注册网易免费邮箱"选项，如图 14.5 所示。

图 14.5　注册 163 免费邮箱

3. 输入注册信息

进入"登录 163 免费邮箱"窗口后，输入你自己定义的邮箱名称 user2_lncc 和密码，然后再输入验证码，最后单击"立即注册"按钮，如图 14.6 所示。

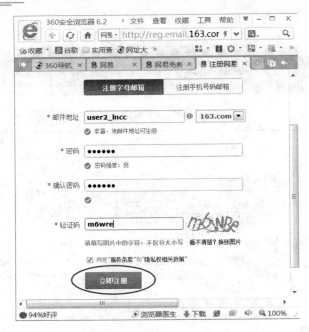

图 14.6 输入注册信息

如果注册成功，系统会显示如图 14.7 所示信息。

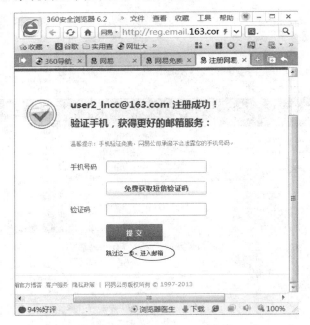

图 14.7 注册成功

14.4.3 登录邮箱

邮箱注册成功后，可以通过登录自己的邮箱接收或发送电子邮件。登录方式是在网易主页上单击"免费邮箱"，输入信箱名称和密码，单击"登录"按钮，如图 14.8 所示。

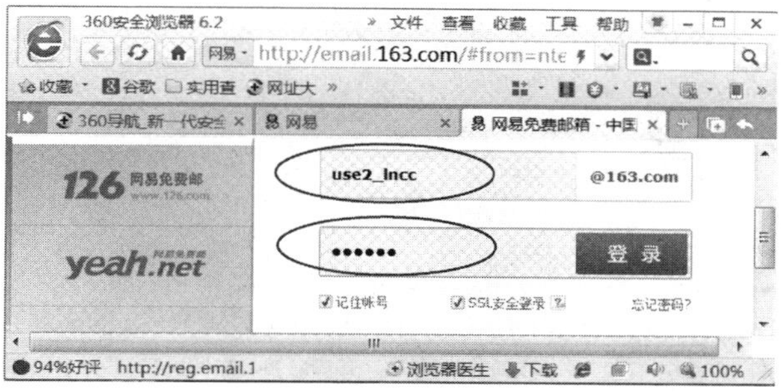

图 14.8　登录邮箱

练习题

1．选择题

（1）下面的说法中，错误的一项是（　　　）。

  A．一个 Internet 用户可以有多个电子邮件地址

  B．用户通常可以通过任何与 Internet 连接的计算机访问自己的邮箱

  C．用户发送邮件时必须输入自己邮箱的账户密码

  D．用户发送给其他人的邮件不经过自己的邮箱

（2）电子邮件应用程序使用 SMTP 协议的主要目的是（　　　）。

  A．创建邮件　　　　　　B．管理邮件　　　　　C．发送邮件　　　　　D．接收邮件

（3）用户在利用客户端邮件应用程序从邮件服务器接收邮件时通常使用的协议是（　　　）。

  A．FTP　　　　　　　B．POP3　　　　　　C．HTTP　　　　　　D．SMTP

（4）下列正确的 E-mail 地址是（　　　）。

  A．foxhua@http://www.kaowang.com　　　　　B．foxhua@kaowang.com

  C．UNIX://www.kaowang.com　　　　　　　　D．http://www.kaowang.com

（5）如果电子邮件到达时，你的计算机没有开机，电子邮件将（　　　）。

  A．退回给发信人　　　　　　　　　　　B．保存在邮箱服务器中

  C．过一会儿对方再重新发送电子邮件　　　D．等你开机时再发

2．简答题

（1）描述电子邮件系统的工作过程。

（2）说明电子邮件地址的构成。

（3）描述 SMTP 和 POP3 的作用。

（4）说明基于万维网电子邮件系统的特点。

（5）基于万维网的电子邮件系统有什么特点？在传送邮件时使用什么协议？

第15章

网络安全

本章导入

随着计算机网络的不断发展，网络应用范围也越来越广，尤其是电子商务的兴起，网络安全已成为一个不能回避的严重问题。同时，人们对网络安全的重视程度也在逐渐提升，开始从重视网络基础设施建设转移到重视网络安全建设。网络安全是一项非常复杂的系统工程，涉及硬件、软件、设备配置、操作系统、软件应用等方方面面。本章只是介绍网络安全涉及的基本知识和基本概念。

15.1 提出问题

在网络应用中，为了安全起见，需要验证相互通信的身份信息、需要对传输敏感数据进行加密、需要确认传输数据过程中是否被篡改等。那么，如何保证在网络中传递数据的安全呢？这就需要采用身份鉴别、数据加密、数据完整性验证等技术措施。本章将分别介绍对称密钥密码体制、公钥密码体制、数字签名、报文摘要 MD5 及密钥分配等相关知识。

15.2 工作任务

本章节中，通过学习将完成如下工作任务：
（1）描述对称密钥密码体制、公钥密码体制的工作原理；
（2）描述数字签名的工作过程；
（3）描述报文摘要 MD5 鉴别报文的工作过程；
（4）描述 Kerberos V4 的工作过程。

15.3 预备知识

15.3.1 网络安全概述

计算机网络能否真正为人们生活、工作提供正常的服务，网络安全至关重要。如果网络不安全，不但不会给人们带来方便，反而会带来很多麻烦，甚至造成巨大损失。

◐1．网络攻击

网络攻击分为主动攻击和被动攻击两种情况。主动攻击是指攻击者利用技术手段对网络中传输的数据进行各种处理，包括停止数据传输、篡改传输的数据、伪造数据传输等。被动攻击是指攻击者利用技术手段观察、分析网络中传输的数据，不影响网络的正常传输操作。具体说明如下。

（1）截获：攻击者利用技术手段从网络上窃取传输内容，如图 15.1 所示。在实际网络中，尤其是对于共享式以太网截获网络中的数据很容易实现。攻击者只要把监听设备连接到以太网上，并将网卡设置成接收所有帧，网络上传输的所有信息就会被攻击者监听。通过分析这些信息，攻击者就可以获得他所希望得到的东西，进而为下一步攻击做好准备。这类攻击者很难被发现，通常我们只能在传输数据时对敏感数据进行加密处理，防止敏感数据被窃取。

（2）中断：攻击者破坏网络正常的传输通信服务，如图 15.2 所示。例如，拒绝服务 DOS（Denial of Service）攻击就是一种中断方式的攻击，攻击者利用特定软件向 Internet 的某些服务器不停地发送大量报文，使得服务器达到"忙"状态无法正常提供服务。如果网络上成百上千的网站集中攻击一个服务器，则称为分布式拒绝服务 DDOS（Distributed Denial of Service）。对于中断攻击，还有破坏通信线路、破坏文件系统、破坏计算机硬件等方式，所以可根据具体情况采取相应措施。

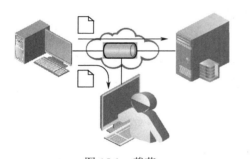

图 15.1　截获

图 15.2　中断

（3）篡改：攻击者利用技术手段从网络上窃取并修改传输内容，如图 15.3 所示。例如，发送的电子单据内容被修改、某网站主页内容被攻击者修改等。

（4）伪造：攻击者利用技术手段冒充合法身份，在网络上发布虚假信息，如图 15.4 所示。例如，黑客伪造可信的发件人地址及正文信息，通过诱骗点击或输入等多种钓鱼攻击的方式来骗取邮件接收方的账号、密码等涉及个人隐私的信息。

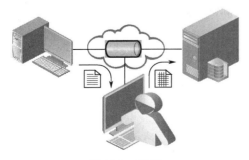

图 15.3　篡改

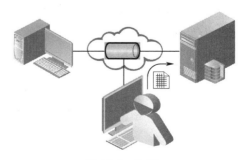

图 15.4　伪造

▶2．网络安全主要内容

计算机网络要实现安全、可靠运行，必须要解决的安全问题有：

（1）数据保密性

网络中能够提供数据的保密通信服务是网络安全的基本条件，也是实现其他安全功能的基础。例如，在网络中安全地传递密钥、口令等信息。

（2）真实身份验证

在网络中通信双方在传递数据之前必须要验证对方的身份信息，防止被欺骗。身份验证服务也是网络安全的基本条件，可以采取预先设定的口令或证书等方法。

（3）数据完整性鉴别

为了能够确保收到的数据在传递过程中没有被修改、插入、删除等操作，需要进行数据完整性鉴别工作。常用的完整性鉴别方法有报文摘要 MD5、安全散列算法 SHA 等。

（4）访问控制

对于接入网络的用户进行访问权限限制，保证网络资源不被未经授权的用户访问和使用（读取、写入、删除、执行等）。

网络安全是一个庞大、复杂的系统工程，涉及的内容种类繁多，但是所有的安全服务都是建立在密码技术基础上的。密码技术是实现保密性、身份验证、数据完整性鉴别及访问控制的前提。

15.3.2　密码体制

为了实现传递数据的保密性，传递前需要使用加密密钥对明文数据进行加密运算产生密文数据，对密文数据进行传递，接收方收到密文数据后使用解密密钥对密文数据进行解密运算还原明文数据，如图 15.5 所示。

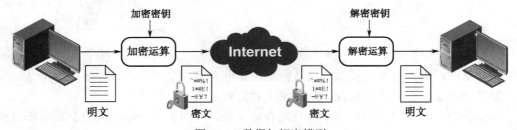

图 15.5　数据加解密模型

在上述加密及解密过程中，使用的加密密钥和解密密钥是一串字符串，可以相同，也可以不同。如果加密密钥与解密密钥相同，我们称为对称密钥，使用对称密钥的密码体制称为对称密码体制。

如果加密密钥与解密密钥不同，但是有一定的关联性，我们称为非对称密钥，使用非对称密码的密码体制称为非对称密码体制。在非对称密钥中，一个称为公钥，用于加密，一般公钥是公开的；另一个称为私钥，用于数字签名，一般私钥是保密的。所以我们也经常将非对称密码体制称为公钥密码体制。

1. 对称密钥密码体制

对称密钥密码体制的一个突出特征是加密密钥与解密密钥使用相同密钥。对称密钥密码体制的典型代表作品是美国的数据加密标准 DES（Data Encryption Standard）。它由 IBM 公司研制并已列入美国联邦信息标准。DES 是目前使用比较广泛的对称加密算法。

DES 使用一个 56 位的密钥以及附加的 8 位奇偶校验位，每个分组大小为 64 位二进制数据。在加密前，先对整个明文报文进行分组，其中每 64bit 位分为一组；然后分别对每个 64bit 位的分组进行加密处理；产生 64bit 位的密文数据。最后将各组的密文按照顺序连接起来形成一个完整的密文报文，如图 15.6 所示。

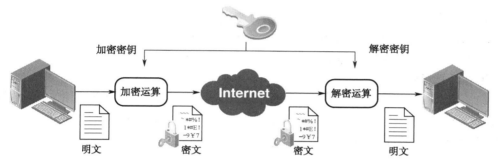

图 15.6 对称密钥密码体制加密解密工作过程

DES 的加密算法及解密算法是公开的，DES 的保密性取决于对密钥的保护上。如果 DES 的密钥失密的话，数据的保密性就不能得到保证。由于 56 位的密钥具有 2^{56} 个不同的密钥，如果使用性能优良的高速计算机进行破译的话，还是存在破译的可能性的。于是又出现 128 位密钥，128 位的密钥具有 2^{128} 个不同的密钥，大大增加了破译的难点，提升了安全性。

2. 公钥密码体制

通过前面的学习我们了解到在对称密钥密码体制中，加密与解密使用相同的密钥。于是，如何安全、方便地传递密钥，使密钥只存放在合法用户手中，对密钥的管理成为一个很重要的难题。

公钥密码体制的突出特征是使用一对相关联的不同的公钥和私钥，公钥是公开的，主要用于对数据进行加密；私钥是秘密的，主要用于数字签名。

公钥密码体制中的典型代表作品是由美国科学家 Rivest，Shamir 及 Adleman 提出的 RSA 方案。RSA 方案是目前最有影响力的公钥加密算法，它能够抵抗到目前为止已知的所有密码攻击，已被 ISO 推荐为公钥数据加密标准。

RSA 算法研制的最初目标是使互联网安全可靠，旨在解决 DES 算法中秘密密钥分发的难题。从实际效果上看，RSA 不但解决了 DES 的密钥分发问题，实现了数据加密服务功能；还利用 RSA 对电文的数字签名，防止发送电文的用户对电文的否认与抵赖，同时还可以利用数字签名较容易地发现攻击者对电文的非法篡改，以保护数据信息的完整性。下面分别描述 RSR 数据加密与解密工作过程、数据签名工作过程。

1）加密与解密

RSA 使用两个密钥，一个是公钥 PK（public key），公钥 PK 是向公众公开的；另一个是私钥 SK（secret key），私钥 SK 是需要保密的。加密算法 E 和解密算法 D 也是公开的。

假设用户 A 准备向用户 B 发送一份加密的数据报文 X。其工作过程如图 15.7 所示。

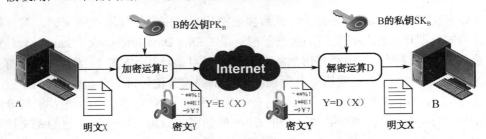

图 15.7　公钥密码体制加密解密工作过程

（1）用户 B 在其计算机中利用"密钥对产生器"软件产生一对密钥：一个公钥 PK_B 与一个私钥 SK_B。用户 B 将公钥 PK_B 向公众公开，将私钥 SK_B 密码保存。"密钥对产生器"软件有时也称为密码学服务提供者 CSP（Cryptographic Service Provider）程序，一般驻留在计算机中。

（2）用户 A 使用用户 B 的公钥 PK_B 通过加密运算 E 对明文 X 加密，得出密文 $Y=E_{PKB}(X)$，发送给用户 B。用户 B 使用自己的私钥 SK_B 通过解密运算 D 对密文 Y 解密，恢复明文 $X=D_{SKB}(Y)$。

几点说明：

（1）公钥 PK 和私钥 SK 的相关性

公钥 PK 和私钥 SK 是一对密钥的两个不同的密钥，两个密钥存在一定的相关性。用公钥 PK 加密 E 运算的数据，只能用同一对密钥中的另一个密钥（即私钥 SK）来对该加密数据进行解密 D 运算来解密数据。

（2）公钥 PK 和私钥 SK 的单向性

在公钥密码体制中，公钥 PK 对公众是公开的，私钥 SK 对公众是保密的，由主人自己保存，但是不可以从公钥 PK 推导出私钥 SK。

（3）E 运算和 D 运算相互逆运算

从上面运算过程来看，D 运算是 E 运算的解密运算，即 $X=D_{SKB}(Y)=D_{SKB}(E(X))$。另外还要说明一下，先对 X 进行 D 运算，然后进行 E 运算，结果是一样的。即 $X=D_{SKB}(E_{PKB}(X))=E_{PKB}(D_{SKB}(X))$。

我们将使用公钥 PK 对明文 X 进行 E 运算的过程称为加密，而将使用私钥 SK 对加密的密文 Y 进行 D 运算的过程称为解密。而将使用私钥 SK 对明文 X 进行 D 运算的过程称为数字签名。用公钥 PK 对签名的报文进行 E 运算的过程称为报文的身份验证。

2）数字签名

随着网络电子商务的蓬勃发展，对网络的安全性要求也越来越高了。需要对网上传递的邮件、票据等文档进行真实身份的鉴别。在传统纸介质文件、票据的真实身份的鉴别是通过手工签名或加盖公章等办法。网络上传递电子文档具有其特殊性，不可能手工签名或加盖公章，那么应如何鉴别这些文档的真实身份呢？采用公钥密钥体制可以解决这个问题。

假设用户 A 准备给用户 B 发送一份经过签名的数据报文 X，其工作过程如图 15.8 所示。

（1）用户 A 在其计算机中利用"密钥对产生器"软件产生一对密钥：一个公钥 PK_A 与一个私钥 SK_A。用户 A 将公钥 PK_A 向公众公开，将私钥 SK_A 密码保存。

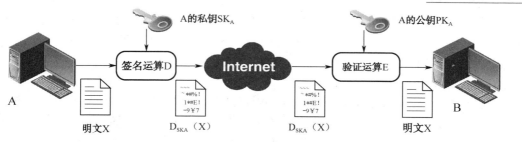

图 15.8　数字签名工作过程

（2）用户 A 使用自己的私钥 SK_A 通过运算 D 对明文 X 签名运算，得出密文 $Y=D_{SKA}$（X），发送给用户 B。用户 B 使用用户 A 的公钥 PK_A 通过运算 E 对签名的报文 Y 验证运算，恢复明文 $X=E_{PKA}$（Y）。

几点说明：

（1）身份鉴别

由于用户 A 自己的私钥 SK_A 始终保存在自己手中，对公众是保密的。可以推断使用私钥 SK_A 签名的报文一定是经过用户 A 同意的报文，也可以说是用户 A 的报文。

（2）完整性验证

因为报文 X 发送前是经过私钥 SK_A 签名的报文，如果在传递过程中被攻击者篡改的话，在接收端使用 A 的公钥 PK_A 无法还原可阅读的报文 X。反过来讲，在接收端使用 A 的公钥 PK_A 能够还原可阅读的报文 X，说明报文在传递过程中没有被篡改过。

（3）不可否认性

如果用户 A 对于自己发送的报文 X 进行否认的话，用户 B 可以将他收到的签名报文 D_{SKA}（X）及验证后的报文 X 提交给第三方专业鉴定机构。第三方鉴定机构可以很容易获得用户 A 的公钥 PK_A（因为公钥 PK_A 对公众是公开的），连同用户 B 提交的签名报文 D_{SKB}（X）及验证后的报文 X，不难证实 D_{SKA}（X）是用户 A 的签名报文。

（4）数字签名不保密

由于数字签名是使用私钥 SK_A 进行签名运算，使用公钥 PK_A 验证运算，而公钥 PK_A 对公众是公开的，不只是用户 B 可以获得，其他人也可以获得。每个获得公钥 PK_A 的用户都可以执行验证运算，从而能够获得明文 X。所以说数字签名只是解决了报文身份鉴别、报文完整性验证及报文的不可否认性，不具备保密性。

若想对数据进行保密保护的话，还需要再进行保密的相关运算操作，如图 15.9 所示。

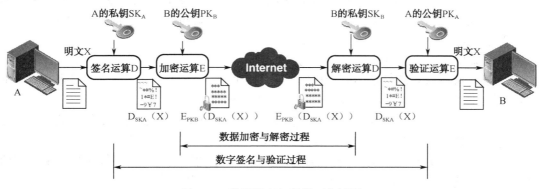

图 15.9　数字签名与保密工作过程

上述过程可以解决数字签名和数据加密的问题，但是要求用户 A 具有自己的私钥 SK_A 和 B 的公钥 PK_B，用户 B 具有自己的私钥 SK_B 和 A 的公钥 PK_A。实际上就是将数字签名与数据加密相结合了。

3）报文摘要 MD5

通过上述介绍的数字签名方法可以实现报文身份的鉴别。但是如果需要鉴别的报文很长的话，进行数字签名会占用很多计算机资源，需要较长的计算时间，给计算机带来很大的负担。为了解决这类问题，提出采用报文摘要的方法鉴别报文身份。

报文摘要 MD（Message Digest）是进行报文身份鉴别的简单方法。为了描述报文摘要 MD 工作原理，假设用户 A 将一个较长的报文 X 数字签名后，发送给用户 B，如图 15.10 所示。

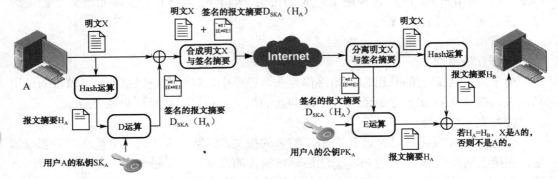

图 15.10　报文摘要 MD 报文鉴别

具体工作过程描述如下：

第 1 步：用户 A 将较长的报文 X 经过报文摘要算法运算后，得出很短的报文摘要 H_A。

第 2 步：用自己的私钥 SK_A 对报文摘要 H_A 数字签名，得出签名后的报文 $D_{SKA}(H_A)$。

第 3 步：将签名后的报文 $D_{SKA}(H_A)$ 放置在报文 X 后面合成一个新的报文"X+ $D_{SKA}(H_A)$"，并发送给用户 B。

第 4 步：用户 B 收到合成报文"X+ $D_{SKA}(H_A)$"后，将其重新分离成报文 X 及数字签名报文 $D_{SKA}(H_A)$。

第 5 步：用户 B 使用 A 的公钥 PK_A 对签名报文 $D_{SKA}(H_A)$ 进行验证运算 E，得出报文摘要 $H_A=E_{PKA}(D_{SKA}(H_A))$。

第 6 步：用户 B 同时要对分离出的报文 X 进行报文摘要运算，得出很短的报文摘要 H_B。

第 7 步：比较在用户 A 侧计算的摘要 H_A 与在用户 B 侧计算的摘要 H_B 是否一致。如果一致，说明收到的报文 X 是用户 A 的报文；否则收到的报文 X 不是用户 A 的报文。

几点说明：

（1）采用报文摘要算法是一种散列算法 Hash，它是一个单向函数。一个很长的报文 X 经过报文摘要散列算法后能够得出唯一的较短的报文摘要值 H（有时也将报文摘要值 H 称为 Hash 值）；反之从报文摘要值 H 不能推导出报文 X。

（2）由于报文摘要值 H 较短，对于报文摘要值 H 进行数字签名，要比对较长的报文 X 进行数字签名要节省很多资源，要容易得多。

（3）由于报文 X 与报文摘要值 H 具有唯一性、单向性的特点，对较短的报文摘要值 H 数字签名就相当于对较长的报文 X 数字签名，两者效果一样。

（4）报文摘要鉴别身份的方法同数字签名的作用一样，不具有保密功能，只是提供报文身份鉴别、报文完整性验证及报文的不可否认性。由于报文摘要鉴别身份的方法只是对 Hash 值进行数字签名，效率比对整个报文进行数字签名高。

目前，报文摘要算法 MD5 得到广泛应用。MD5 散列算法得出的报文摘要长度为 128bit。另一种安全散列算法 SHA（Secure Hash Algorithm）与 MD5 相似，但得出的 Hash 值长度为 160bit，更加安全。

4）数字时间戳

在日常电子商务中，一份文件的有效性与时间有着密切关系。在传统纸介质中文件的时间有效性是由签字的签署时间来界定的。在电子文件中，如何确定文件的生效时间呢？数字时间戳便能够提供电子文件发布时间的安全保护。

数字时间戳 DTS（Digital Time Stamp）是一种网上安全服务项目，由专门的可信任权威机构提供。实际上时间戳就是一份经过可信任权威机构签名的凭证文档。它包含的内容有需要时间戳的报文摘要、DTS 收到报文的日期和时间、DTS 的数字签名等。

一份文件加盖时间戳的工作过程如图 15.11 所示。

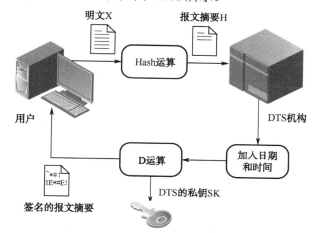

图 15.11　加盖时间戳工作过程

第 1 步：用户对准备加盖时间戳的文件用散列算法运算产生报文摘要。

第 2 步：用户将报文摘要发送至可信任的权威 DTS 机构。

第 3 步：DTS 机构对收到的报文摘要加入日期和时间信息，并对报文摘要进行数字签名后发送给用户。

第 4 步：经过可信任的权威 DTS 签名的文件具有法律效力。

15.3.3　密钥分配

通过前面的学习，我们已经清楚地认识到网络中的安全机制是建立在加密技术基础上的。在加密技术中由于密码算法是公开的，网络的安全性完全基于密码管理是否安全。因此在密码学中出现了一个重要的分支——密钥管理。密钥管理包括：密钥的产生、分配、注入、验证和使用等。下面只是简单地介绍密钥分配的相关知识。

1. 对称密钥的分配

在对称密钥密码体制中，加密与解密使用相同的密钥。在网络中安全、便捷地分配密钥十分重要。常用的对称密钥分配方式是采用设立秘钥分配中心 KDC（Key Distribution Center）。KDC 是可信任的权威机构，其任务就是为需要提供秘密通信服务的用户分配一个会话密钥。

若要使用 KDC 提供的密钥分配服务，需要事先到 KDC 登录注册。注册之后，在 KDC 中为每个用户设立账号名称和主密钥（用户与 KDC 之间通信使用的密码）。在用户申请使用 KDC 分配密钥服务时，KDC 使用主密钥验证用户的身份。

下面假设用户 A 和用户 B 分别在 KDC 注册了账号。用户 A 的账户名称为 A，主密钥为 K_A；用户 B 的账户名称为 B，主密钥为 K_B。KDC 的密钥分配工作过程如图 15.12 所示。

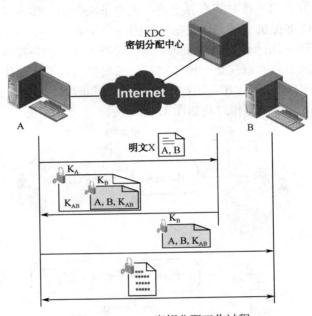

图 15.12　KDC 密钥分配工作过程

（1）用户 A 向密钥分配中心 KDC 发送请求分配会话密钥的明文 X。明文 X 中包含自己在 KDC 中注册的账户名称 A、对方的账户名称 B。

（2）KDC 查询账户数据库后，为两个用户之间秘密通信随机产生一个会话密钥 K_{AB}。并将 K_{AB} 及请 A 转发给 B 的一个票据同时放入并发送给 A 的响应报文中。请 A 转发给 B 的票据中包含 A、B 及会话密钥 K_{AB}，并使用 B 的主密钥 K_B 加密。整个发送给 A 的响应报文使用 A 的主密钥 K_A 加密，并将加密后的响应报文发送给用户 A。

（3）当用户 A 收到响应报文后，用户自己的主密钥 K_A 解密响应报文，取出 K_{AB} 及转发给用户 B 的票据。

（4）用户 B 收到用户 A 转发过来的票据后，用户自己的主密钥 K_B 解密。取出 A、B 及 K_{AB} 等，从而知道自己将使用会话密钥 K_{AB} 与 A 进行通信。

此后，用户 A 和用户 B 就可以使用共享密钥 K_{AB} 通信了。

目前著名的对称密钥分配协议是 Kerberos V5，是美国麻省理工学院 MIT 开发的。Kerberos V5 具有 KDC 功能。

▶▶2．非对称密钥的分配

在非对称密钥密码体制或公钥密码体制中，每个用户拥有自己的私钥 SK 和一个或多个公钥 PK。使用私钥 SK 进行数字签名以验证身份；使用公钥 PK 进行加密以确定数据保密性。

　　用户使用"密钥对产生器"生成一个私钥和一个公钥。私钥存放在自己计算机内或硬件存储设备内。公钥需要通过可信任的权威的证书颁发机构 CA（Certification Authority）进行数字签名认证，形成数字证书，如图 15.13 所示。

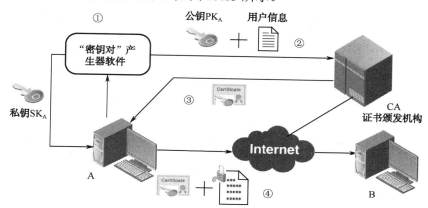

图 15.13　证书颁发机构 CA 工作过程

　　数字证书是一份经过 CA 数字签名的代表用户身份的电子文档。其内容包括用户信息（用户名称、地址、电子邮件等）、用户的公钥、证书有效期、发放此证书的 CA（CA 的数字签名）等数据。用户可以将自己的数字证书发送给希望与其秘密通信的其他用户。

　　证书颁发机构 CA 一般由政府或行业机构建设、管理。CA 主要负责对用户身份进行鉴别，将用户身份与其提交的公钥绑定，以证书的形式发放，起到一个信用担保作用。

　　假设用户 A 准备给用户发送一封经过数字签名的电子邮件。其工作过程如下。

　　（1）用户 A 使用"密钥对产生器"生成一个私钥 SK_A 和一个公钥 PK_A。将私钥 SK_A 保存在自己的计算机中；将公钥 PK_A 及用户名称、地址、电子邮件等用户信息同时发送给 CA。

　　（2）CA 经过核实、确认用户 A 的身份真实性后，将向用户发放用户证书。证书中包括用户的相关信息、用户 A 的公钥 PK_A、CA 的证书及 CA 数字签名等。

　　（3）用户 A 将经过电子邮件软件签名的邮件及自己的证书发送至用户 B。

　　（4）用户 B 使用用户 A 的公钥 PK_A 验证邮件确实是用户 A 发送的。

　　几点说明：

　　（1）证书颁发机构 CA 必须是具有公信力的机构。既可以是政府建设和管理机构，也可以是企业自己构建的企业 CA。企业 CA 一般只能在企业范围内使用。

　　（2）用户 A 或用户 B 必须认可 CA 发放的证书。在用户 A 或用户 B 的计算机中必须按照 CA 证书，将证书颁发机构 CA 列入受信任证书颁发机构中。

　　（3）邮件的加密或解密，邮件的数字签名或鉴别都是软件自动完成的。

15.3.4　安全协议

　　在互联网中除了我们熟知的 IP、TCP、UDP 等传输协议外，还有很多实现安全功能的协议，如 IPSec、SSL 等。下面简单介绍几个主要安全协议的相关知识。

▶1. IPSec 安全协议

Internet 协议安全 IPSec 是一种开放标准的安全框架结构，是基于 AH、ESP 等安全协议基础上的网络层协议。IPSec 能够在 Internet 协议（IP）网络上建立保密、安全的信道，实现身份验证、数据完整性检查、保密等安全功能。

IPSec 在两台计算机开始传递数据之前，它们之间通过协商，建立安全联盟 SA（Security Association），搭建传递数据的安全通道。所采用的协商方法是标准的 IKE（Internet Key Exchange）。

IKE 协商工作分为两个阶段：建立管理连接与建立数据连接。

第 1 阶段：建立管理连接（IKE SA）

在这个阶段的主要任务如下。

（1）策略协商

确认采用什么样的加密方法（AES-256、AES-192、AES-128、3DES、DES 等），采用什么样的完整性检查方法（SHA1、MD5 等），采用什么样的创建密钥方法（DH Group14、DH Group2、DH Group1 等），采用什么样的验证方法（Kerberos V5、证书或预共享密钥等）。

（2）交换"密钥要素"并创建"管理密钥"

IPSec 的一个主要特性就是不在网络上传递密钥，只在网络上传递创建密钥需要的"密钥要素"，然后由通信双方计算机依据交换的"密钥要素"分别创建相同的"管理密钥"。"管理密钥"主要用于管理连接交换数据的加密和解密。

（3）验证身份

计算机之间通过相互交换对方身份信息验证对方身份。在验收身份过程中，对交换的身份信息采用新产生的管理密钥加密和解密。

完成以上任务后，将建立一个安全的管理连接，用于计算机之间交换管理信息。管理连接是一个双向连接，两台计算机之间可以使用它来彼此共享 IPSec 消息。

第 2 阶段：建立数据连接（IPSec SA）

在这个阶段的主要任务如下。

（1）策略协商

确认 IPSec 采用什么安全协议（AH、ESP 等），完整性与验证方法采用什么样的散列算法（MD5、SHA1 等），采用什么样的加密方法（AES-256、AES-192、AES-128、3DES、DES 等）。

（2）创建"会话密钥"

可以使用第 1 阶段交换的"密钥要素"建立"会话密钥"，也可以重新交换"密钥要素"，然后利用新的"密钥要素"来创建"会话密钥"。"会话密钥"主要用于会话连接的用户进行数据加密和解密。

（3）将 SA、密钥及安全参数索引 SPI（Security Parameter Index）应用于驱动程序。SPI 是每对 SA 的标识符，每对 SA 有唯一的 SPI 值。

完成上述任务后，将建立一个安全的数据连接，用于传递用户数据信息。数据连接是单向连接的，每个方向需要建立一个单独的数据连接。

在 IPSec 中有两个主要的安全协议：鉴别首部 AH（Authentication Header）协议和封装安全有效载荷 ESP（Encapsulation Security Payload）协议。AH 提供源点鉴别和数据完整性检查，但不提供保密。ESP 比 AH 复杂得多，它提供源点鉴别、数据完整性检查和保密。

2. SSL 安全协议

安全套接层 SSL(Secure Socket Layer)协议是一个基于公开密钥基础架构 PKI(Public Key Infrastructure）基础上的传输层安全协议。

SSL 实现的安全功能如下：

（1）SSL 服务器鉴别

具有 SSL 功能的浏览器中有一个可信任证书颁发机构 CA 列表，其中包含信任的 CA 证书。如果浏览器信任给 Web 服务器发放证书的 CA，就将该 CA 加入浏览器的信任证书颁发机构 CA 列表中。当浏览器和 Web 服务器进行通信时，Web 服务器将 CA 发放的 Web 证书发送给浏览器。浏览器获得经过 CA 认证的 Web 证书就可以对 Web 服务器信任了，如图 15.14 所示。

（2）SSL 会话加密

在浏览器与 Web 服务器通信前，浏览器通过与 Web 服务器协商安全参数，并产生会话密钥。浏览器保留一份会话密钥，同时将另一份会话密钥用 Web 服务器的公钥加密后发送给 Web 服务器。以后浏览器与 Web 服务器之间的通信就可以使用会话密钥加密和解密了，如图 15.15 所示。

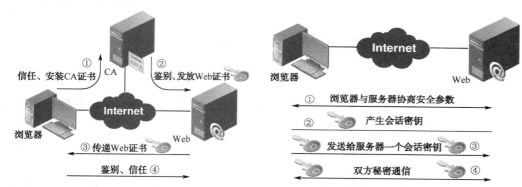

图 15.14　浏览器信任 Web 服务器工作过程　　图 15.15　浏览器与 Web 服务器之间秘密通信

（3）SSL 客户鉴别

同浏览器鉴别服务器身份一样，服务器也可以鉴别用户的身份。此时用户必须向 CA 申请用户证书，鉴别过程如图 15.16 所示。由于鉴别过程前面已经叙述过了，故在此略。

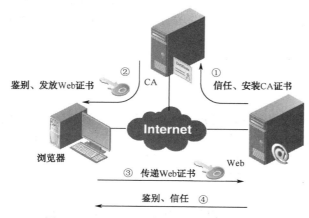

图 15.16　Web 服务器信任浏览器工作过程

拥有 SSL 证书的网站，浏览器与网站之间可以采用将 URL 路径中的 http 改为 https 的方式实现 SSL 安全连接通信。如 https://www.lncc.edu.cn，则客户端是利用 SSL 连接 www.lncc.edu.cn 网站。

假设用户 A 通过 SSL 安全连接访问 www.lncc.edu.cn 网站，其工作过程如图 15.17 所示。

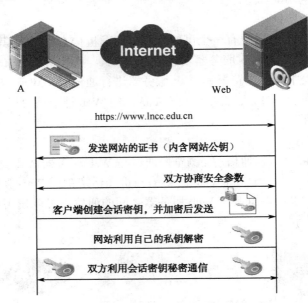

图 15.17　SSL 安全连接

（1）用户 A 在浏览器内通过 https://www.lncc.edu.cn 来连接网站，其中的 https 表示要与网站之间新建 SSL 安全连接。

（2）网站收到客户端的连接请求后，会将网站本身的证书信息（内含公钥）发给客户端的浏览器。

（3）浏览器与网站双方开始协商 SSL 连接的安全参数，包括加密方式、加密位数（40 或 128）等。

（4）浏览器根据双方协商的安全参数，新建会话密钥。利用网站的公钥将会话密钥加密，并将加密后的会话密钥发送给网站。

（5）网站收到此会话密钥后，利用自己的私钥将会话密钥解密。

（6）用户端的浏览器与网站之间的所有通信数据都用此会话密钥加密和解密。

15.3.5　安全设备

1. 防火墙

防火墙（Firewall）是一种常用的网络安全设备之一。它一方面保护内网免受来自因特网未授权或未验证的访问，另一方面控制内部网络用户对因特网访问等；防火墙也常常用在内网中隔离敏感区域受到非法用户的访问或攻击。

2. IDS/IPS

IDS/IPS 是专门针对病毒和入侵行为而设计的网络安全设备，它们对非法的数据是非常敏感的。不同之处是：IDS 对于发现的非法数据只能发出警报而不能自动防御；而 IPS 可以对检测到的非法数据直接过滤。

IDS/IPS 应用时，可以放在防火墙之后，相当于在防火墙设定的规则之后再添加了对非法数据的过滤规则，让局域网更加安全、可靠。

15.4 应用实践

15.4.1 背景描述

星空科技公司工程师经常外出工作，在外地工作的工程师需要在 Internet 的基础上建立 VPN 连接，实现访问公司内部资源，如图 15.18 所示。我们利用 Windows 2008 搭建 VPN 服务器，VPN 客户端安装有 Win7 操作系统。为了简单起见，将 VPN 客户端主机通过无线 LAN 网络与 VPN 服务器外网口连接。

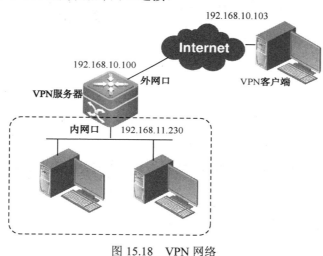

图 15.18 VPN 网络

15.4.2 配置 VPN 服务器

▶ 1. 安装网络策略和访问服务

（1）启动 Windows 2008 系统后，以 Administrator 身份登录。单击"开始"→"管理工具"→"服务器管理"选项，进入"服务器管理器"窗口，单击"角色"选项，如图 15.19 所示。

（2）单击"添加角色"选项，然后单击"服务器角色"选项，进入"选择服务器角色"窗口，如图 15.20 所示。选择"网络策略和访问服务"选项，单击"下一步"按钮。

（3）在阅读"网络策略和访问服务简介"后，单击"下一步"按钮。在"角色服务"列表中，选择"网络策略和访问服务"、"远程访问服务"和"路由"选项后，单击"下一步"按钮，如图 15.21 所示。

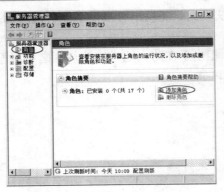

图 15.19　添加服务器角色　　　　图 15.20　选择网络策略和访问服务

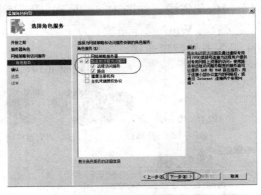

图 15.21　"选择角色服务"窗口

（4）进入"确认安装选择"窗口后，阅读确认无误后，单击"安装"按钮，如图 15.22 所示。

（5）系统安装结束后显示安装结果，阅读后单击"关闭"按钮，如图 15.23 所示。

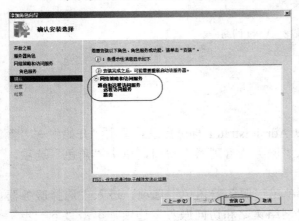

图 15.22　"确认安装选择"窗口　　　　图 15.23　"安装结果"窗口

2．安装无线 LAN 服务

在本实验中，作为 VPN 服务器的主机只有一个网卡插槽，我们将该网卡接入内网。我们还需要加一个无线网卡接入外网。Windows 2008 默认情况没有安装无线服务，因此我们需要安装无线 LAN 服务，具体步骤如下。

（1）进入"服务器管理"后，选择"功能"选项，单击"添加功能"按钮，如图 15.24 所示。

（2）在"选择功能"窗口中，选择"无线 LAN 服务"选项后，单击"下一步"按钮，如图 15.25 所示。

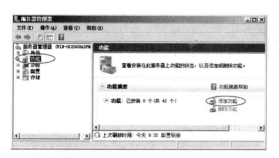

图 15.24　添加功能

图 15.25　选择无线 LAN 服务

（3）在"确认安装选择"窗口中，阅读无误后，单击"安装"按钮，如图 15.26 所示。

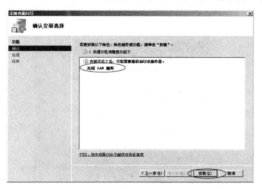

图 15.26　确认安装无线 LAN 服务

（4）系统安装结束后，显示安装结果，单击"关闭"按钮，如图 15.27 所示。

图 15.27　显示安装无线 LAN 服务结果

◆ 3．配置路由和远程访问属性

远程访问服务安装完成后，需要对远程访问属性进行相关设置，具体设置步骤如下。

（1）单击"开始"→"管理工具"→"路由和远程访问"选项，选择默认 VPN 服务器（本实验中为 WIN-0C20QHADFM4（本地）），并右击选择"属性"选项，如图 15.28

所示。

图 15.28　选择 VPN 服务器

（2）在"属性"窗口中，单击"常规"标签，选择 IPv4 相关选项，如图 15.29 所示，单击"确定"按钮。

图 15.29　VPN 服务器常规属性

（2）在"属性"窗口中，单击"安全"标签，选择"Windows 身份验证"，如图 15.30 所示，单击"身份验证方法"按钮。

进入"身份验证方法"窗口，选择"Microsoft 加密的身份验证版本 2（MS-CHAP v2）"选项，单击"确定"按钮，如图 15.31 所示。

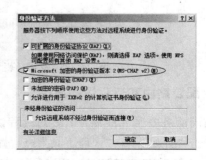

图 15.30　VPN 服务器安全属性　　　　　图 15.31　身份验证方法

（3）在"属性"窗口中，单击"IPv4"标签，在"IPv4 地址分配"栏中，选择"静态地址池"选项，单击"添加"按钮，如图 15.32 所示。

（4）在输入地址池填写"起始 IP 地址"和"结束 IP 地址"，如图 15.33 所示。

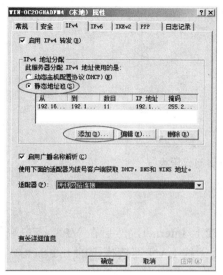

图 15.32　选择静态地址池

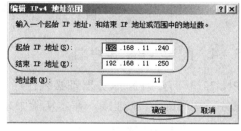

图 15.33　设置地址池

▶ 4. 配置网络接口

进入"网络属性"窗口，分别配置连接内网和外网网卡参数，内网网卡 IP 地址为192.168.11.230，外网网卡（无线网卡）IP 地址为 192.168.10.100，配置过程前面章节已经介绍过，在此略。配置结果如图 15.34 所示。

图 15.34　网卡配置结果

15.4.3　赋予用户远程访问的权限

Windows 2008 操作系统默认是所有用户都没有权限连接 VPN 服务器。我们以Administrator 身份登录 VPN 服务器。首先创建用户名称 User1 及密码，然后单击"开始"→"管理工具"→"计算机管理"→"系统工具"→"本地用户和组"→"用户"选项，再选择并右击"User1"，在弹出的菜单中单击"属性"选项。在 User1 属性中的"拨入"标签下选择"启用远程控制"后，单击"确定"按钮，如图 15.35 所示。

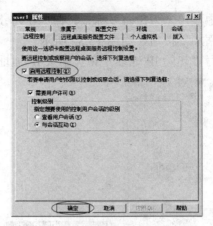

图 15.35 用户远程访问权限设置

15.4.4 配置 VPN 客户端

VPN 客户端与 VPN 服务器都必须已经连接上 Internet，然后在 VPN 客户端创建与 VPN 服务器之间的 VPN 连接，在本实验中采用无线 LAN 连接模拟的 Internet。

1. 创建 VPN 连接

（1）在客户端主机（假设是 Win7 操作系统）上，通过单击"开始"→"控制面板"→"网络和 Internet"选项，打开"网络和共享中心"窗口，单击"设置新的连接或网络"选项，如图 15.36 所示。

（2）在"选择一个连接选项"窗口中，单击"连接到工作区"选项，如图 15.37 所示。

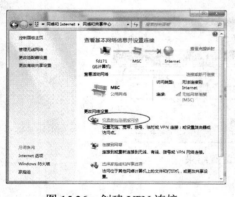

图 15.36 创建 VPN 连接

图 15.37 选择一个连接选项

（3）在图 15.38 中单击"我将稍后设置 Internet 连接"选项。

（4）在图 15.39 中的"Internet 地址"处输入 VPN 服务器外网卡的 IP 地址 192.168.10.100，选择"现在不连接，仅进行设置以便稍后再连接"选项，单击"下一步"按钮。

（5）在图 15.40 中，输入用来连接 VPN 服务器的用户名和密码后，单击"创建"按钮。

（6）出现"连接已经可以使用"窗口，暂时不要使用，直接单击"关闭"按钮，如图 15.41 所示。

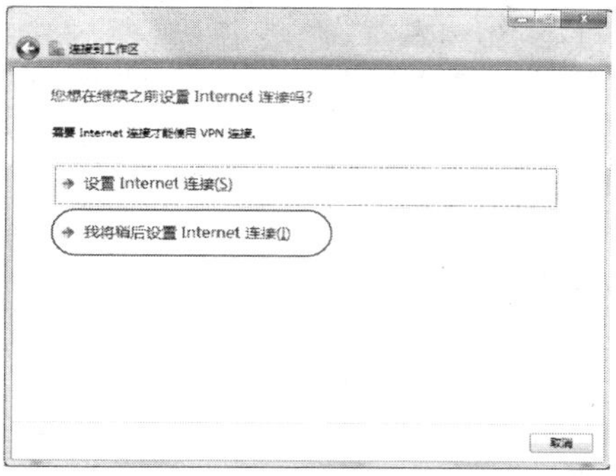

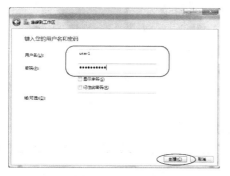

图 15.38 我将稍后设置 Internet 连接

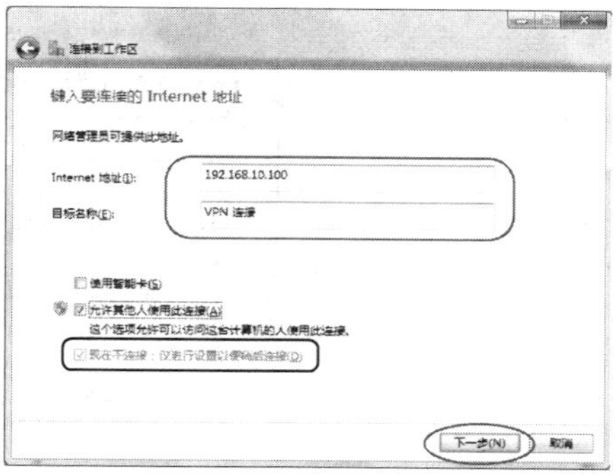

图 15.39 设置 VPN 服务器 IP 地址

图 15.40 设置连接 VPN 服务器的用户和密码

图 15.41 连接已经可以使用

2. 配置 VPN 客户端

创建 VPN 连接后，还需要设置 VPN 连接的相关参数，设置步骤如下。

（1）在图 15.42 中，单击"连接网络"选项。

（2）在图 15.43 中，选择"VPN 连接"选项，右击"连接"按钮，在弹出的菜单中单击"属性"选项。

图 15.42 连接到网络

图 15.43 选择 VPN 连接

（3）在"VPN 连接属性"窗口中，单击"安全"标签，在"VPN 类型"下拉菜单中选择"点对点隧道协议 PPTP"后，单击"确定"按钮。其他标签内容保留默认值即可。

图 15.44　设置 VPN 连接协议

▶3．测试 VPN 连接

（1）在图 15.45 中单击"连接到网络"选项。

（2）返回到图 15.46 中，右击"VPN 连接"选项，在弹出菜单中单击"连接"按钮。

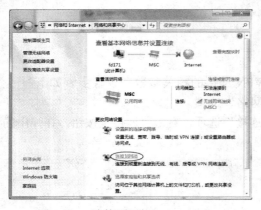 

图 15.45　连接到网络　　　　　　　　　图 15.46　选择 VPN 连接

（3）在连接对话框中输入用户名 User1 和密码后，单击"连接"按钮，如图 15.47 所示。

（4）连接成功后，我们通过单击图 15.48 中的"VPN 连接"选项查看此 VPN 连接状态。

图 15.47　VPN 连接对话框　　　　　　　图 15.48　选择 VPN 连接

（5）在"VPN 连接状态"窗口中，单击"详细信息"选项，显示 VPN 连接详细信息，如图 15.49 所示。

图 15.49　VPN 连接详细信息

练习题

1．选择题

（1）在电子商务活动中，如果一个黑客修改了在因特网上传输的订单信息，那么这是对数据（　　）的破坏。

    A．完整性　　　　　　　B．可用性　　　　　　C．有效性　　　　　　D．高效性

（2）计算机病毒是（　　）。

    A．一种用户误操作后的结果　　　　　　　B．一种专门侵蚀硬盘的霉菌

    C．一类具有破坏性的文件　　　　　　　　D．一类具有破坏性的程序

（3）用户从 CA 安全认证中心申请自己的证书，并将该证书装入浏览器的主要目的是（　　）。

    A．避免他人假冒自己　　　　　　　　　　B．验证 Web 服务器的真实性

    C．保护自己的计算机免受病毒的危害　　　D．防止第三方偷看传输的信息

（4）为了预防计算机病毒，应采取的正确措施是（　　）。

    A．每天都对计算机硬盘和软件进行格式化　B．不使用盗版或来历不明的软件

    C．不同任何人交流　　　　　　　　　　　D．不玩任何计算机游戏

（5）下面（　　）加密算法属于对称加密算法

    A．RSA　　　　　　　　B．DSA　　　　　　C．DES　　　　　D．RAS

（6）如果发送方使用的加密密钥和接收方使用的解密密钥不相同，从其中一个密钥难以推出另一个密钥，这样的系统称为（　　）。

    A．常规加密系统　　　　　　　　　　　　B．单密钥加密系统

    C．公钥加密系统　　　　　　　　　　　　D．对称加密系统

（7）数字签名的功能不包括（　　）。

    A．数字签名能够保证信息传输过程中的保密性

    B．数字签名能够保证信息传输过程中的完整性

C. 数字签名能够对发送者的身份进行认证

D. 数字签名能够防止交易中抵赖的发生

2. 简答题

（1）计算机网络面临哪几种威胁？

（2）对称密钥加密体制和公开密钥加密体制各有何特点？

（3）数字签名可以实现的功能有哪些？

参 考 文 献

[1] 谢希仁. 计算机网络（第 5 版）. 北京：电子工业出版社，2009.

[2] 齐跃斗. 网络服务的配置与管理项目实践教程. 北京：电子工业出版社，2010.

[3] 徐敬东，张建忠. 计算机网络（第 2 版）. 北京：清华大学出版社，2011.

[4] 吴功宜. 计算机网络（第 2 版）. 北京：清华大学出版社，2007.

[5] 安素芝，黄彦. 计算机网络（第 3 版）. 北京：中国铁道出版社，2012.

[6] 张选波，吴丽征，周金玲. 设备调试与网络优化（学习指南）. 北京：科学出版社，2009.

[7] 戴有炜. Windows Server 2008 R2 安装与管理. 北京：清华大学出版社，2011.

[8] 戴有炜. Windows Server 2008 R2 网络管理与架站. 北京：清华大学出版社. 2011.